Kontaktadresse nach EU-Produktsicherheitsverordnung:
produktsicherheit@droemer-knaur.de

KNAUR.LEBEN

ERWIN THOMA

Strategien der Natur

Wie die Weisheit der Bäume
unser Leben stärkt

KNAUR.LEBEN

Besuchen Sie uns im Internet:
www.knaur-leben.de

Bearbeitete Taschenbuchausgabe August 2022

Ein Imprint der Verlagsgruppe
Droemer Knaur GmbH & Co. KG, München

Covergestaltung: Buxdesign
Coverabbildung:Pakhnyushchy /Shutterstock.com
Abbildungen im Innenteil: S. 21 picture-alliance/dpa-infografik;
S. 26 picture alliance/akg-images; S. 37 picture alliance/imageBROKER|
Olaf Krüger; S. 38, 39, 203 Moser/Thoma: *Die sanfte Medizin der Bäume;*
S. 56 li. picture alliance/dieKLEINERT.de/Rita Mühlbauer;
S. 56 re. Getty Images/E+/ThomasVogel; S. 81 picture alliance/
dieKLEINERT.de/Rita Mühlbauer; Deko-Illustration im
Innenteil von NikhomTreeVector/Shutterstock.com
Satz: Adobe InDesign im Verlag
Printed in Germany
ISBN 978-3-426-87937-5

2 4 5 3

»Ein Baum ist
eine unerschöpfliche Quelle
wunderbarer Erkenntnisse.«

Yehudi Menuhin

Inhalt

Zauberfiguren entstehen

Ein Prolog

Seit Urzeiten haben sie sich lustvoll immer tiefer in den Humus gegraben. Nein, sie sind vielmehr immer weiter hinuntergeglitten. Mit der feinen Wurzelspitze voraus in die Ritze hinein, die vom ewigen Freund und Begleiter, dem Mykorrhizapilz, mit Schleim vorbereitet wurde. Erst einmal eingedrungen, beginnt ganz langsam das Anschwellen des unscheinbaren Fadens. Kaum zu glauben, dass daraus jemals ein armdicker Wurzelstrang entsteht, der elastisch gewunden seine Bahn durch die unterirdische Welt ziehen wird. Leicht presst er das umliegende Erdreich weg, windet sich schmiegsam um alle Hindernisse, krallt sich an ihnen fest. Seine Bestimmung ist es überdies, sich immer neu zu teilen. Kaum ist eine Strecke zurückgelegt, beginnt das nächste Verästeln. Auf diese Weise entsteht, von uns Menschen unbemerkt, die unterirdische Herrschaft der Baumwurzelwelt. Humus, Sand und Lehmschichten werden durchdrungen, Stein und Felsblöcke umwunden und zwischen kraftvollen Windungen der unterirdischen Holzstränge mächtig eingespannt. Aus tiefen Schichten wird Wasser weit nach oben gepumpt. Umgekehrt werden Luft und Nährstoffe in die dunkle Welt hinuntergebracht. Es ist eine Lebenswelt, die allen Blätter- und Nadelkronendächern mit ihren Tausenden Bewohnern an Vielfalt und Vernetztheit in nichts nachsteht. Den Schmetterlingen oben in der Baumkrone stehen hier verwegene Käfergestalten gegenüber, die bunt-fröhlichen Tiergewänder in den hohen Kronenräumen werden hier unten mit Chitinpanzerkleidern, Grabwerkzeug und mitunter sogar hirschgeweih- oder nashornähnlichen Aufsätzen getauscht. Anstelle flatternder Vögel gibt es grabende Maulwürfe und Wühlmäuse.

Stimmt schon, sie ist finster und undurchschaubar, die Unterwelt der Baumwurzeln. Wer aber glaubt, sie sei an Leben ärmer, der irrt gewaltig. Abgesehen von den uns bekannten Kleintieren, den Regen- und sonstigen Würmern, Ameisen und Insekten, sind es vor allem die Kleinstlebewesen, die unsere Vorstellungskraft übersteigen. Milliarden von Bakterien und Viren leben hier, und wir hören von diesen winzigsten aller Lebewesen normalerweise nur dann, wenn sie der Arzt als unangenehme Überbringer von Krankheiten erwähnt. Dass diese Bakterien und Viren nur eine verschwindend geringe Minderheit unter den Kleinstlebewesen ausmachen, ist uns kaum bewusst. Wer denkt schon daran, dass unser eigenes Leben, der Beginn unserer Nahrungskette, von den allerkleinsten Bodenbewohnern abhängt – ohne die Heerscharen an Mikroorganismen in Humus und Boden gebe es kein Leben auf Erden.

Machen wir uns ein Bild von der Mächtigkeit dieses Reiches. Mit dem Elektronenmikroskop untersuchte Erde – ganz normaler Waldboden – lässt uns Menschen staunen: In nur einem Kubikzentimeter Humusboden, also ungefähr einem Teelöffel voll Erde, leben circa eine Million Bakterien und zehn Millionen noch kleinere Viren. Angesichts solcher Zahlen kann von Einsamkeit in der stillen Wurzelwelt wohl kaum die Rede sein. Es ist vielmehr die Begrenzung unserer Sinne, die uns diese Lebensformen nicht mehr wahrnehmen lässt. In Wahrheit herrscht in den Böden unserer Wälder ein Getriebe, das der Fülle einer pulsierenden Großstadt in keiner Weise nachsteht. Wenn Landbewohner in eine große Stadt kommen, stöhnen und staunen sie oftmals über die

Menschenmassen in der U-Bahn und an belebten Plätzen. Wie würden sie erst staunen, wenn sie in das Leben der Walderde eintauchten. Die Vielzahl dort übertrifft jede Rushhour in Tokio, Moskau oder New York. Zumal es unter der Erde ganz und gar ohne Chaos abläuft.

Die unzähligen Wesen dort unten sind im wohlorganisierten Konzert aufeinander abgestimmt, und es mag wie Spott auf uns Menschen wirken, dass wir uns mit banaler Organisationsarbeit plagen, während im tiefen Erdreich Milliarden Lebewesen scheinbar mühelos und zielgerichtet zusammenwirken, dirigiert von einem geheimnisvollen Regenten, der das Geschehen uhrwerksgleich ineinandergreifen lässt und gegenseitig harmonisiert.

Wozu all das nötig ist und was bei der unermüdlichen Arbeit an Bodenleben herauskommt, sehen wir schon an der Ernährung eines Baumes. Der Baum allein würde selbst im nährstoffreichsten Humusboden und selbst mit dem prächtigsten Wurzelreich verhungern, wenn ihm nicht die Mikrolebewesen die benötigten Spurenelemente und Salze in genau dosierten Mengen und Rezepturen aus dem Boden lösen würden. Wurzeln können nur das zubereitete Menü der Bodenwinzlinge aufnehmen. Und dieses Menü wird genau an die jeweiligen Bedürfnisse des Baumes angepasst.

Es ist also ein großes Missverständnis, wenn wir Viren und Bakterien pauschal als gefährliche Krankheitserreger betrachten. Das Gegenteil ist der Fall: Die allermeisten davon sind unglaublich nützlich und Leben spendend. Es kommt darauf an, diese mikroskopisch kleinen Wesen das Richtige tun zu lassen, das, was unserem Leben und unserer Gesundheit förderlich ist. Der Baum informiert seine Bodenlebewesen über seine Bedürfnisse und diese bereiten dazu passend das Mahl. Der gesunde Menschenorganismus kommt gleichsam mit allen Bakterien und Viren zurecht, tauscht sich aus und hält sie im wohltuenden Gleichgewicht. Solange wir Bakterien, Viren und Krankheit nur als Feinde betrachten, die wir mit allen Mitteln bekämpfen müssen, werden wir unnötig viel Lebensenergie in diesem Kampf verschwenden. Wer es dagegen schafft, aus vermeintlichen Feinden gute Nachbarn zu machen, der kommt am besten durch das Leben. Doch dazu mehr an späterer Stelle.

»Wo liegt die geheime Formel,
die solche Zauberfiguren entstehen lässt?
Was ist ihr Ursprung und ihr Ziel?«

Je genauer wir die unterirdisch verborgene Wurzelwelt der Bäume betrachten, desto mehr enthüllt sich uns ein Spiegelbild zu den Baumkronendächern. Dort oben greifen die Arme großer, grob mächtiger und kleiner, fein vergabelter Astformationen in allen denkbaren Formen in Luft, Licht und Sonnenwärme hinein. Unten werden feinstoffliche Mineralmischungen dem Baumkörper zugeführt. Oben saugen die Kronen unvorstellbare Massen an CO_2-Moleküle aus der Luft in das Chemielabor des Bauminneren.

Wer verbindet diese Welten? Zwischen astverzweigten Kronen und dem gewundenen, vergabelten Wurzelwerk steht immer und unverrückbar das Holz in seiner Farbenvielfalt. Einmal zur turmhohen Säule emporgerichtet, ein anderes Mal urig geduckt und knorrig hart im schuppigen Kleid verborgen. Baumstämme sind es, die harzigen und gewundenen und all ihre fantasievoll gestalteten Geschwister. Sie formen gemeinsam mit dem Gegenspiel von Wurzel und Krone die mächtigen Wesen dieses Planeten. Die Formfindung der Bäume ist dabei ein Schöpfungsmysterium für sich. Nichts blieb unversucht, alle Gestalten und Ideen wurden und werden ausprobiert beim Wachstum einzigartiger Baumstämme. Wind und Schnee, Wüstenhitze, Trockenzeiten, Fluten und Sümpfe – die Naturgewalten fordern unsere Bäume, immer wieder neue, perfekt angepasste Gestalten und Wuchsformen zu entwickeln.

Wer hat sich solch ein Konzept erdacht? Wo liegt die geheime Formel, die solche Zauberfiguren entstehen lässt? Was ist ihr Ursprung und ihr Ziel? Woher kommen sie, diese hölzernen Verbindungsbrücken zwischen Luft- und Erdwelten? Um diese Frage zu beantworten, wollen wir in die Vergangenheit unseres Planeten zurückschauen.

Beginnen wir bei der Geburt unserer Bäume und folgen wir ihrem Leben, ihren Geheimnissen und der Weisheit, die in unseren Wäldern im Großen und im ganz Kleinen zu finden ist. Immerhin gibt es Bäume rund hundertmal länger auf der Erde als uns Menschen. Ein Zeitraum, in dem sie dank ihrer Strategien alle nur denkbar möglichen Gefahren, Krankheiten und Katastrophen erfolgreich bewältigt haben. Eine Zeit, in der sie dank ihrer Strategien nicht nur zu überleben, sondern auch gut zu leben gelernt haben.

Wenn wir das Leben der Bäume genau beobachten und begleiten, dann werden wir rasch merken, dass uns diese Beschäftigung beschenkt, stärkt und bereichert. Wer sich erst einmal auf die Natur einlässt, wer sich dafür Zeit nimmt, der erlebt, wie wunderbar verbunden unser eigenes Leben mit dem Leben dort draußen ist. Aus einer vermeintlichen Trennung zwischen uns und der Umwelt wird eine beglückende Verbindung zur Mitwelt. Geborgenheit, Zufriedenheit und Dankbarkeit – wer hätte diese Geschenke gerade bei den Bäumen vermutet?

1
Die Geburt der Bäume

Warum der Weg kampfloser Veränderung am wirkungsvollsten ist

Wollen wir uns den Lebenslauf der Bäume genauer ansehen, müssen wir einige Milliarden Jahre zurückgehen: Die Erde ist bereits ein fester Planet. Erstarrtes Magma hat Gesteinsformationen in unterschiedlicher Vielfalt gebildet. Gestein ist zum Land, zum festen Boden geworden. Und es gibt Wasser. Wasser in allen Formen: vom Eiskristall bis zur dampfenden Heißwasserquelle, vom Rinnsal bis zum überwältigenden Ozean. Diese Welt ist jedoch immer noch mineralisch, anorganisch. Es gibt keine Pflanzen in unserem Sinn. Keine Gewächse, keinen Humusboden. Nur Gestein in allen Variationen, vom aufgefalteten Riesengebirge bis zum fein gemahlenen Sand.

Kälte, Hitze, Winde, Mineralien! Grau, lebensfeindlich, eine unbelebte Steinwüste – so würden wir diese Welt mit unseren heutigen Augen sehen. Gänzlich unbelebt? Nein, da und dort in lauwarmen Wassertümpeln gibt es bereits einzelne, mikroskopisch kleine Bakterien. Erste Winziglebewesen, die sich zur Fortpflanzung einfach teilen. Und darauf aufbauend können sich nach zahlreichen Versuchen irgendwann allererste Zusammenschlüsse und Kleinstgemeinschaften bilden. In einer geschützten Steinnische sehen wir zaghafte Besiedelungserfolge von pilzähnlichen Schleimgewächsen. Auch feine Algenfäden tauchen auf. Ihr Fortkommen jedoch ist unvorstellbar mühselig. Kein Wunder, der nackte Stein ist die einzig nutzbare Nahrung. Das Wasser, manchmal mit einigen aus dem Fels herausgelösten Molekülen angereichert, ist hierfür die einzige Quelle. Seit Jahrmillionen kämpft dieses erste Leben auf Erden, besser gesagt: auf den Steinen und schafft keine Veränderung. Hie und da werden die spärlichen Reste abgestorbener Artgenossen gierig und sorgfältig in den eigenen Körper eingebaut. Von Humus, von üppigen Nahrungsgründen kann jedoch noch keine Rede sein. Unendliche Zeiträume blieb die Welt solcherart erstarrt, unverändert und erfolglos in ihren Versuchen, das Leben fortzuentwickeln.

Doch ausgerechnet in dieser Trostlosigkeit geschieht es plötzlich. Die größte, wichtigste, für die Zukunft des Planeten weitreichendste Erfindung fällt mitten in diese Ödnis hinein. Mit einem Schlag sollte damit alles anders, die Welt geradezu aufgerüttelt werden. Der Siegeszug des organischen Lebens beginnt mit einer Erfindung. Aber wie überraschend! Die Erfinderin dieser bahnbrechenden, alles verändernden Neuerung ist eine der unbedeutendsten, schutzlosesten Teilnehmerinnen im ohnehin so bescheidenen Leben. Eine Blaualge, winzigst klein, sucht verzweifelt ihrer unwirtlichen Umgebung zu entkommen. Die Hitze der unerbittlich strahlenden Sonne droht sie zu verdorren, finstere Kälte und Eis drohen ihre Lebensfunktionen für lange Zeit einzufrieren. Was für eine Bedrängnis. Ausgerechnet in dieser Ausweglosigkeit sollte es zunächst noch schlimmer kommen. Im letzten Wassertropfen, den die Alge zur Bevorratung in ihren bescheidenen Zellverband hineingelegt hatte, befanden sich eine Reihe seltsamer, möglicherweise gefährlicher Bakterien. Im Vergleich zu den ohnehin winzigen Algenzellen waren diese urtümlichen Wesen nahezu unsichtbar klein; sie existierten wohl in einer ähnlichen Aussichtslosigkeit.

Dann landet eine dieser speziellen Bakterien zum ersten Mal in der ebenso speziellen Alge. Obwohl sie die allerkleinste und auf den ersten Blick unbedeutendste der damaligen Lebensformen ist, bleibt ihr Hineinschwindeln in die festgefügte Ordnung des Zellverbandes nicht lange unentdeckt. Dementsprechend fallen auch die Reaktionen aus: Die Bakterie wird als Fremdkörper wahrgenommen, der Angst verbreitet. Alle wollen den Eindringling wieder loswerden. Doch die Bakterie weiß, was sie erwartet, wenn sie die Alge wieder verlässt. Niemals würde sie freiwillig zurückkehren. Dorthin, wo ihr Verderben droht. Sie klammert sich mit allen Mitteln fest. Sie bietet ihre Mithilfe an. Mit ganzer Kraft wird sie sich für ihre neue Lebensgemeinschaft einsetzen. Das vergrößert den Argwohn der Umgebung jedoch noch mehr.

Die Zellen reiben sich, versuchen das unbekannte Wesen loszuwerden. Ein unbedeutender Quadratmillimeter auf dem riesigen Planeten Erde ist es, in dem sich ein Drama anzubahnen scheint. Inmitten des beginnenden Kampfes scheint die Sonne auf das blaugraue Wesen. Zufällig herrscht gerade ein milder Frühling. Regen fällt warm auf die Außenhaut der kleinen Welt, in der die neue Verbindung stattgefunden hat. Die alteingesessenen Zellen versuchen nach wie vor, den Eindringling loszuwerden. Mit allen Mitteln; die stärksten Waffen der Vertreibung sollen eingesetzt werden. Sie produzieren alle möglichen Säfte und versuchen, verschiedene Mixturen zur Abwehr der Bakterie einzusetzen. Ist das, was dadurch ausgelöst wird, Zufall? Eine chemische Reaktion zwischen der Blaualge und den Stoffen ihrer Umgebung färbt die Alge plötzlich grün ein. Grüne Algen oder Pflanzen, das gab es noch nie auf dem Planeten, der bisher nur graues Gestein und blaues Wasser kannte. Grün leuchtet nun eine ganz neue Pflanze, und dieses Grün nennen wir heute Chlorophyll. Die durch ihre neue Einwanderin umgewandelte Alge sollte dem ganzen Planeten die wichtigste Erfindung schenken, bedeutend und von unschätzbarem Wert. Die Alge konnte nun unvermutet und erstmalig eine unerschöpfliche, üppige neue Nährstoffquelle anzapfen.

Die Luft war damals schwerstbeladen mit CO_2. Jenes Gas, das wir Menschen heute durch die Verbrennung von Öl, Kohle und Gas im Übermaß in die Atmosphäre blasen. Jenes Gas, das heute mit zu Klimaerwärmung und Treibhauseffekt führt. Aber bleiben wir in der Vergangenheit, bei der einsamen Chlorophyllzelle. Die grüne Alge konnte nun erstmalig Luft einatmen, CO_2 in sich aufnehmen und spalten. Auf diese Weise gewinnt die Pflanze den reinen Kohlenstoff (C) und den reinen Sauerstoff (O_2).

Im ersten Augenblick muss die Verwirrung rund um die unerwartete Veränderung groß gewesen sein. Die Alge badete plötzlich in Nährstoffen, die sie bereitwillig mit ihren Gastgebern rundherum teilte. Wohl noch niemand ahnte zu der Zeit, welche Lebenswunder geschaffen werden, wenn Pflanzen erst einmal beginnen, aus den gewonnenen Luftbestandteilen sowie Wasser und Bodensalzen Lebenselixiere zu brauen und vollkommen neue Pflanzenteile zu kreieren. Nichts sollte die Erde mehr verändern als dieser Prozess: CO_2 wird von Pflanzen eingeatmet und überschüssiger Sauerstoff wird wieder ausgeatmet, der Luft zurückgegeben. Der andere Teil des gewonnenen Sauerstoffes wird als Baustein für neue Körperteile verwendet.

Das Zeitalter der Fotosynthese hatte also begonnen. Niemand sonst auf der Welt war in der Lage, sich jederzeit satt zu essen. Nährstoffe für das eigene Wachstum einfach aus der Luft einzuatmen, noch dazu in unbegrenztem Maße – wie genial. Freilich braucht die Verdauung Energie. Wie sonst könnte das CO_2 geteilt werden? Aber eben dafür hatte die Blaualge die naheliegendste Lösung gefunden: Sonnenenergie schien unerschöpflich auf den Planeten Erde. Und die neue Farbe Grün konnte das Sonnenlicht so filtern, dass es zur Zerlegung des CO_2 verwendet werden konnte. Die warmen Strahlen sollten damit zur Antriebsquelle für die Erfindung werden.

Nach den ersten gelungenen Versuchen zeigte sich rasch der

unglaubliche Vorteil der Pflanze gegenüber all den anderen farblos grauen Zellkonkurrenten. Sie, die nun aus der Luft Nahrung nehmen konnte, wuchs neuerdings recht ungestüm, die neuen Zellen wurden beständig zur Vermehrung gedrängt, und im Nu gedieh auf dem Gestein grünes Pflanzenwachstum. Während alle anderen noch mühsam und im Schneckentempo mineralische Moleküle vom verwitterten Stein sammelten, konnte die grüne Pflanze beliebig viel Kohlenstoff aus dem CO_2 holen und munter mit allen Evolutionsversuchen der organischen Kohlenstoffchemie beginnen. Vom steinigen Untergrund wurden nur mehr Spurenelemente in geringsten Mengen aufgenommen. Mit dem neuen Wunderstoff explodierte die Wachstumsgeschwindigkeit in noch nie da gewesener Rasanz. Pflanzenteile, die früher Jahrzehnte oder Jahrhunderte für ihr Wachstum benötigten, gediehen jetzt in kurzer Zeit. Und der neue Baustoff ermöglichte plötzlich das Spiel mit ganz neuen Formen und Strukturen; verschiedene Blatt- und Wurzelorgane wurden ausprobiert, verbessert und an alle möglichen Klimabedingungen angepasst. Was für ein Wunder! Nach Hunderten Millionen von Jahren wurde der Planet explosionsartig grün.

Ein kurzer Blick in die Gegenwart sei gestattet: Die Blaualge, dieses unbedeutende Lebewesen, war von der Natur zur großen Erfindung auserkoren. Nicht die damals erfolgreichsten, vor herrschenden Zellformationen konnten die große Entwicklung auslösen. Von einem Außenseiter, einem geringgeschätzten, bedrängten Lebensteilnehmer, kam der ganz große Wurf. Ist es nicht heute immer noch so? Wie oft kommen bahnbrechende Impulse und grundlegende Veränderungen aus der Subkultur, von Außenseitern, von Menschen unter Druck, an Orten und von Personen, die sich weit weg von den herrschenden Machtzentren, von den organisierten Wissenshochburgen oder von der anerkannten Hochkultur befinden.

»Das Bessere verändert unwiderstehlich Vorhandenes, sobald seine Zeit gekommen ist. Dieser Weg kampfloser, sanfter Veränderung hat sich als der wirkungsvollste erwiesen.«

Die Erfindung der Fotosynthese durch die Bakterieneinwanderung in die Blaualge erzählt uns aber noch etwas anderes. Zu keinem Zeitpunkt hatte die erfindungsreiche Alge die Strategie oder Absicht, das ganze bestehende System zu ändern. Niemand hatte die geringste Energie im Kampf gegen das herrschende Lebenssystem aufgebracht. Der Antrieb für die einfache, aber umwälzende Erfindung war womöglich der Wille, etwas besser zu machen. Ein ungestümes Wollen, das aus der Not heraus geboren wurde. Vergleichen wir dieses Verhalten mit uns Menschen, tun sich interessante Parallelen auf: Viele verwenden heute unglaublich viel Energie, um gegen Vorhandenes anzukämpfen. Industrielobbys, das Finanzsystem, das Gesundheitssystem, das Bildungssystem, das politische System bereiten oft großes Unbehagen. Es handelt sich dabei aber auch um Systeme, die sich gegen Angriffe rüsten, die den Gegner erwarten und darauf vorbereitet sind, seine Energien zu schwächen. Innerhalb des eigenen Systems sind die vorhandenen Machtzentren immer am stärksten. Am Ende haben beide wertvolle Lebenskraft verloren, der Angreifer wie auch der Verteidiger. Die Blaualge hingegen hat nur in ihrem direkten Umfeld und mit ihren beschränkten Möglichkeiten versucht, ihr Bestmögliches zu tun. Aus der Not heraus hat sie das Bessere entdeckt und dadurch wurde die ganze Welt verändert. Das Bessere verändert unwiderstehlich Vorhandenes, sobald seine Zeit gekommen ist. Dieser Weg kampfloser, sanfter Veränderung hat sich als der wirkungsvollste erwiesen. Er verliert keine Energie im Kampf, vielmehr sammelt er alle Kraft für die Veränderung.

Verfolgen wir nun den weiteren Werdegang der Erfindung auf unserem Planeten. Die Fotosynthese wurde zum Massenverfahren. Dadurch kam ein ganz neuer Stoff ins Spiel. War bisher das CO_2 der Hauptbestandteil der Atmosphäre, so wurde nun Sauerstoff in immer größeren Mengen freigesetzt. Das führte einerseits zur Entstehung zahlreicher neuer Lebensformen, andererseits verabschiedeten sich viele Sauerstoffflüchtlinge. Mikroben,

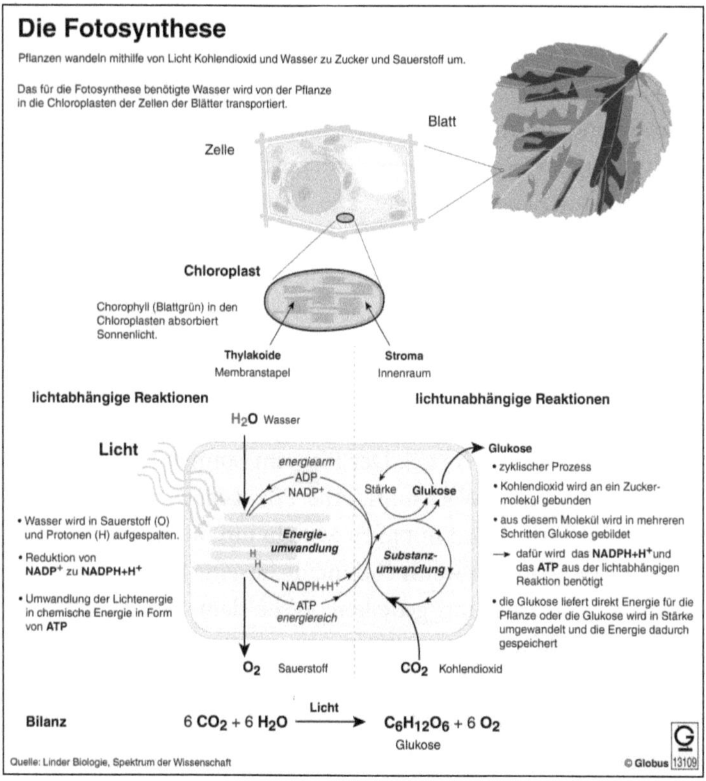

Die Erfindung der Fotosynthese wurde aus der Not heraus geboren, aus dem ungestümen Willen, etwas besser zu machen.

spezielle Bakterien und ähnliche Kleinstlebewesen, die keinen Sauerstoff ertragen konnten, versteckten sich immer tiefer im Wasser, im Gestein, oder sie verschwanden ganz. (Wie anpassungsfähig und trickreich die Natur sein kann, zeigen uns die Sauerstoffflüchtlinge, die bis heute überlebt haben. Sogenannte anaerobe Kleinstlebewesen, die beispielsweise die Verdauungsarbeit von zellulosehaltigen Fasern in den Mägen der Wiederkäuer erledigen, vom wilden Hirsch des Waldes bis hin zur Kuh auf dem Bauernhof.)

Das Zurückdrängen der sauerstoffscheuen Kleinstlebewesen geschah aber nahezu unsichtbar im Vergleich zu dem Spektakel der Grünentwicklung, die jetzt einsetzte. Alles Leben, das auf Grün setzte und mit Chlorophyll seine Entwicklung vorantrieb, war nun auf der Gewinnerseite. Bald ging es darum, wer als Erstes unbesiedeltes Land besiedelte. Die Reviere wurden abgesteckt. Pflanzen am Land und grüne fotosynthesegetriebene Algen in den Gewässern eroberten ihre Gebiete. Sobald die Lücken geschlossen waren, ging der Wettbewerb in eine neue Runde. Entscheidend war: Wer kann Land vom Nachbarn übernehmen? Wer kann sich besser an den jeweiligen Ort anpassen? Der Grashalm und das Krautblatt, die ihre Nachbarn überschatten konnten, waren dabei klar im Vorteil. Der Platz im Sonnenlicht versprach Energiezufuhr und Wachstum. Alle Pflanzen waren verdammt dazu, unaufhörlich und mit allen Mitteln um die eigene Ausbreitung zu kämpfen. Nur wer im Sonnenlicht seine Blätter ausbreitete, konnte wachsen und gedeihen. Wehe dem, der im Schatten blieb. Er war dem Untergang geweiht.

Dieses immer gleiche Spiel sollte Jahrmillionen füllen. In dieser Zeit wurden zudem erstmals spürbare Mengen abgestorbener Pflanzenmassen in das Erdinnere eingelagert. Unter Druck und Luftabschluss verwandelte sich die Biomasse. Erste Erdöl-, Kohle- und Gaslager entstanden. Die Millionen von Jahren andauernde

CO_2-Entnahme der Pflanzen aus der Atmosphäre hatte wiederum eine beruhigende Wirkung auf das Klima. Dieses wurde nicht nur immer günstiger für die Weiterentwicklung später auftauchender Pflanzen- und Tierarten, auch Wetterextreme wurden geringer und ausgeglichener.

Die nächste Punktmutation folgte dann erst vor circa 380 Millionen Jahren. Wieder erfüllte sich dieses stille Gesetz: Große Veränderungen kommen unerwartet, scheinbar zufällig. Sie kommen, wenn niemand mehr damit rechnet. Milliarden Experimente sind von den Pflanzen durchgeführt worden. Es gab keine Form, keine Art der Lebensorganisation, die nicht probiert worden wäre. Alles schien festgefahren, wieder erschien jede Hoffnung auf Veränderung aussichtslos. Das nun herrschende System war wieder etabliert, mächtig und unüberwindbar geworden.

Da begann sich plötzlich ein Gewächs zum abertausendsten Mal aufzurichten, seine Blätter, die grünen Sonnenfänger, über die anderen zu erheben. Wie oft hatten Stürme und Fröste derartige Versuche, sich einen Lichtvorteil zu verschaffen, nicht schon vernichtet. Immer wieder war dieser Versuch unternommen worden: schneller zu wachsen, die Blätter über die der anderen auszubreiten, die Nährstoffe rascher aus dem Boden herauszuschürfen. All diese Experimente sind an den krautigen Stängeln gescheitert. Vom Sturm geknickt, vom Frost und Winter vernichtet, dem Erdboden gleichgemacht. Wie oft waren diejenigen besser dran, die sich ganz an den Boden drückten, sich mit dem Schatten begnügten und niemals mutig ihre Existenz riskierten? Die am Boden Geduckten mögen wissend und mitleidig gelächelt haben angesichts der großen Masse, die genau wussten, dass es sich nicht lohnte, etwas anders zu machen. Und so bereiteten sie sich darauf vor, den Untergang dieser vorwitzigen Pflanze zu beobachten. Immerhin eine Abwechslung im eintönigen Leben.

Und eine neuerliche Bestätigung für das eigene Gebücktsein. Wer selbst dazu gezwungen wird, ein gebücktes Leben zu führen, der ist froh, im Gebücktsein des Nachbarn eine Bestätigung für die eigene Haltung zu finden.

Doch dieses Mal war etwas anders. Wieder sollte es ein neues Material sein, das die Neugestaltung vorantrieb. Während alle anderen unaufhörlich den äußeren Machtkampf betrachteten und ihre eigene Position im ewigen Gedränge aller zu verbessern suchten, geschah in einer einzigen Pflanze etwas Besonderes. Aus unerfindlichen Gründen hörte sie gänzlich auf zu kämpfen, um einzelne Quadratzentimeter zu drängeln, und begann, ganz woanders zu suchen. An einem Ort, an dem bis jetzt wohl kein einziger von all ihren Konkurrenten gesucht hat. Sie suchte in ihrem Inneren. Neues sollte entstehen, Möglichkeiten für die Entwicklung in einer ausweglosen Situation mussten gefunden werden.

Jede Pflanze, jedes Lebewesen, und ist es noch so klein, beinhaltet ein riesiges Chemielabor. In diesem Labor, in Zellräumen mit herumschwirrenden, sich verändernden und reagierenden Molekülen, haben die Versuche stattgefunden. Im Inneren entdeckte die auf sich selbst achtende Pflanze den revolutionären, neuen Stoff. Nach zahllosen Versuchen ist es ihr plötzlich gelungen, Holzstoff zu formen. Erste Cellulosemoleküle, Lignin und Hemicellulose waren aus dem CO_2 der Luft, aus Wasser und geringen Zusätzen des Bodens entstanden. Ein biochemisches Experiment ist da geglückt, und die Sonnenenergie hatte wieder einmal den Prozess angetrieben. Ja, vielmehr ermöglichte die Sonnenkraft die Produktion der Holzzellen und blieb dabei – was für ein Segen – in den erzeugten Holzzellen gespeichert.

Holzstoff ermöglichte fortan frostharte, mehrjährig aufragende, statisch tragende Pflanzenkonstruktionen. Die verholzende Pflanze konnte erstmals den Winden, den Stürmen und dem ärgsten Pflanzenfeind, dem Frost, standhalten. Sie blieb stehen, konnte im nächsten Frühjahr wieder austreiben und dort weiterwachsen, wo sie im Herbst aufgehört hatte. Noch nie zuvor ist es einer Pflanze gelungen, die Gestalt des Vorjahres auch im nächsten Jahr zu nutzen. Bisher mussten sie immer wieder von vorn, von ganz unten beginnen. Nur die Wurzeln überlebten den Winter, und im Frühling hieß es dann wieder, alle Kräfte zu mobilisieren und das grüne Kleid erneut der Sonne entgegenzutreiben. Nun, mit einem Schlag, war das Wissen vom Emporwachsen eines frostharten, mehrjährig lebenden Pflanzenkörpers vorhanden. Verholzung hieß das Geheimrezept.

Und wieder wirkte ein geheimes Urgesetz des Lebens. Kein einziger Gedanke auf dieser Welt ist wirkungslos. Nichts an vorhandener Weisheit geht verloren, auch wenn es niemals mit menschlichen Worten ausgesprochen wird. Einer unsichtbaren Wolke, einem schwingenden Feld gleich verbreitete sich die Formel, die einjährige Gräser und Kräuter verholzen und mehrjährige Stauden, Sträucher und erste Bäume entstehen ließ.

Der Kampf am Boden um jeden Zentimeter Siedlungsgebiet war nun überflüssig für all jene, die mit dem neuen Wundermaterial dauerhaft emporwachsen konnten. Die Zeit der Bäume war angebrochen, sie sollten nun ihr großes Werk auf Erden beginnen. Aus einem Planeten, der mit grüner Grasschicht überzogen war, wurde eine bewaldete Erde. Über die Gräser erhoben sich die siegreichen Sträucher und Bäume, und das Grün – die Erfindung der Blaualge – wurde durch die Erfindung der Holzzellen in mehrere Stockwerke getragen, vom Unterholz bis zur Kronenschicht der höchsten Bäume.

Was ist das für ein Wunderarsenal, aus dem die Natur solche Innovationen nimmt? Neuerungen, die in Jahrmillionen Bewährtes mit einem Windhauch hinwegblasen? Warum kommen solche Entwicklungssprünge derart unvorhersehbar, scheinbar aus dem

Nichts? Wo ist die Schatzkammer, der Schlüssel zu solchen Ideen? Wie viele dieser Neuerungen liegen heute noch verborgen? Sollen wir es Schöpfung nennen oder Entwicklungspotenzial, Zufall oder Plan? Seit 300 bis 400 Millionen Jahren übt die Natur nun an den Bäumen die unaufhörliche Verbesserung ihrer Konstruktion. Aus anfänglich einfachen Zellstrukturen sind hochkomplexe Konstruktionsformen entstanden, mit kristallinen geometrischen Körpern, Röhren und Bändern, mit Säulen und Streben kreuz und quer, bis ins Feinste durchoptimiert. Holz, was für eine Wunderwelt birgst du in dir?

Erst vor circa vier bis fünf Millionen Jahren sind die ersten Wesen, aus denen sich der heutige Mensch entwickelte, hinzugekommen. Die Bäume sind rund hundertmal länger auf dieser Welt als wir Menschen. Und sie waren die wesentlichen Geburtshelfer für uns Menschen.

Fig. 79. Marécage de la période houillère.

Karbonlandschaft (vor ca. 360 bis 300 Millionen Jahren):
Bäume beleben die Erde.

Ihre mächtigen, tonnenschweren Stämme benötigten große Mengen an CO_2 aus der Luft. Viel mehr, als vorher vom niederen Gras und einjährig gewachsenen Kraut eingeatmet wurde. In den 350 Millionen Jahren bis zum Erscheinen der Säugetiere geschah es immer wieder, dass ganze Wälder überflutet und von Bergstürzen begraben wurden oder auf irgendeine andere Weise in das Innere der Erde verschwanden. Mit diesen Holzeinlagerungen wurden Milliarden Tonnen an CO_2 aus der Atmosphäre genommen und im Erdinneren gebunden. Dort unten, tief in der Erde, oft unter Meeresböden oder unter neu aufgefalteten Bergrücken, verwandelten sich unter Luftabschluss und Druck überschwemmte Wälder, verschüttete Baumstämme und überwachsene Biomasse langsam in neue, immer größere Kohle-, Erdöl- und Erdgaslager. Je mehr CO_2 die Bäume auf diese Weise im Inneren des Planeten einlagerten, desto milder wurde das Klima auf Erden. Was die grünen Bodenpflanzen eingeleitet hatten, das vollendeten die Bäume, die Wälder in viel größerem Umfang. Stürme beruhigten sich. Temperaturextreme und Schwankungen fielen milder aus, die Welt wurde lebensfreundlicher, sie wurde von den Bäumen so weit vorbereitet, dass Säugetiere, dass wir Menschen in unserer ganzen anfänglichen Schutzlosigkeit die Erde betreten und unseren Lebensweg beginnen konnten.

Um sich die gigantische Leistung der Wälder bei der Veränderung der Erdatmosphäre vorstellen zu können, muss man sich nur vor Augen führen, dass heute in allen Wäldern der Erde mehr Kohlenstoff in den Bäumen eingelagert ist, wie als Gas frei durch die Erdatmosphäre schwebt. Ohne diesen riesigen Kohlenstoffvorrat, ohne unsere Bäume könnten wir Menschen keinen Tag auf diesem Planeten leben. Wäre der Kohlenstoff aus den Wäldern plötzlich in der Luft, dann hätten wir auf der Erde einen richtigen Hexenkessel und es herrschte ein Klima wie vor 400 Millionen Jahren.

So gesehen sind wir aus dem Wald gekommen. So gesehen mag

es weniger verwundern, dass unsere Vorfahren Bäume als Gottheiten verehrten. Die heilige Esche Yggdrasil der Germanen sei nur als ein Beispiel erwähnt. Sie wurde als eine Brücke zwischen den Menschen und ihren Gottheiten angesehen. Selbst unsere Großeltern betrachteten den Wald noch mit ganz anderen Augen, als wir es heute tun.

Der Mensch verfügt zu Beginn des 21. Jahrhunderts über mehr technische Macht zum Eingriff in die Natur als jemals zuvor. Eine Macht, die uns aber immer öfter ohnmächtig erscheinen lässt. Gerade der hoch entwickelte Mensch ist es ja, der Kohle aus dem Boden schlägt, der Öl und Gas in noch nie da gewesenen Mengen verbrennt. Den in Hunderten Millionen Jahren erfolgten Einlagerungsprozess der Wälder machen wir in wenigen Jahrzehnten wieder rückgängig. Auf Kosten unserer Kinder und Enkelkinder verbrauchen wir die über solch einen langen Zeitraum entstandenen fossilen Energien. Weil wir angeblich nur so unseren hohen Wohlstand halten können. Genau das Gegenteil ist jedoch der Fall. Ohne die rücksichtslose Ausbeutung von Kohle-, Öl- und Gasvorräten könnten wir viel besser leben. Doch dazu mehr in nachfolgenden Kapiteln.

Bäume sind die Geburtshelfer für uns Menschen. Erst durch sie, durch ihre Lebenskunst, durch ihre inneren Konstruktionen und Mixturen ist die Erde für uns bewohnbar geworden. Die Weisheit der Bäume, ihre Evolutionserfahrung, dient uns auch heute, von den meisten Menschen unbemerkt, Tag für Tag. Eine Reise zu den Bäumen ist daher immer auch eine Reise zu unseren eigenen Geheimnissen. Zu kühnen Konstruktionen wie zu schlimmem Scheitern. Lust und liebevolle Lebenskraft entdecken wir dort gleichermaßen wie List und Genialität. Am Ende erzählen sie uns sogar von unserem größten Mysterium, vom Kommen, vom Gehen und von der Wiederkehr. Sie erzählen es uns so ernst, so wahrhaftig und tröstend wie sonst wohl kaum jemand.

2
Die Farben des Lebens

Wie das Lichtspektrum auf uns Menschen einwirkt

Warum sind Wälder und Wiesen, die wachsen und gedeihen, ausgerechnet grün und nicht rot, braun, blau oder lila? Warum ist die geniale Erfindung unserer Blaualge grün und nicht gelb, rosa oder sonst wie gefärbt? Aus dem Physikunterricht wissen wir, dass in unserem Tageslicht alle Farben enthalten sind. Trotzdem empfindet unser Auge normales Tageslicht als hell, weiß und farblos. Licht ist physikalisch gesehen Schwingung. Genauer gesagt, eine Mischung aus Schwingungen mit ganz bestimmten Wellenlängen. Diese verschiedenen Schwingungen kann man nach Wellenlängen sortieren, sozusagen entmischen, indem man Licht durch ein Glas- oder Quarzprisma strahlen lässt. Auf diese Weise erscheinen die Spektralfarben Rot, Orange, Gelb, Grün, Blau, Indigo und Violett. Der Trick, mit dem unser Auge die im Licht enthaltenen Farben sehen kann, heißt also »entmischen«, die Schwingungen nach ihrer Wellenlänge sortieren.

Auch die Natur zeigt uns manchmal entmischtes Licht. Wir alle haben schon einmal einen Regenbogen am Himmel gesehen. Dieses Farbenspiel entsteht immer dann, wenn die Lichtstrahlen an den Tröpfchenkristallen einer Regenwolke gebrochen und abgelenkt werden. Dabei wird das Licht, gleich wie beim Weg durch ein Quarzprisma, nach seinen verschiedenen Wellenlängen sortiert, also entmischt. Und genau nach Schwingungslänge beginnt der Regenbogen an einer Seite mit Rot, dem Licht mit den längsten Wellen. Etwas kürzer schwingt Orange, dann Gelb und so weiter, bis am anderen Rand das kurzwelligste Violett das Farbenspektrum beschließt.

Wenn nun ein Gegenstand für unser Auge zum Beispiel rot ist, dann bedeutet dies, dass er nur die langwelligen roten Strahlen zurückwirft und alle anderen, kürzeren Wellen verschluckt. Das Auge fängt von dem Gegenstand nur solcherart entmischte rote langwellige Strahlen auf und erkennt so die Farbe Rot. Jede Farbe zeigt demnach an, dass ein ganz bestimmter Wellenmix zurückgeworfen wird, während der Rest des Spektrums vom Gegenstand aufgesaugt wird. Die reflektierten Strahlen, die von uns wahrgenommene Farbe, sind also genau die Lichtwellen, die nicht in das Innere eines Gegenstandes oder einer Pflanze gelangen.

Ein grünes Blatt wirft demnach die mittellangen grünen Lichtwellen zurück. Alle langwelligen und alle kurzwelligen Teile des Tageslichtes, die für andere Farben stehen, werden aufgesaugt. Genau diese fein abgestimmte Energieform kann im Inneren einer Pflanzenzelle das eingeatmete CO_2-Molekül in seine atomaren Bestandteile Kohlenstoff und Sauerstoff zerlegen. Uns Menschen wird durch die Pflanzenfarbe signalisiert: Hier läuft das Wachstum, hier gedeiht das Leben! So wird auch der farbpsychologische Effekt der Farbe Grün auf unser Unterbewusstsein verständlich. Sie vermittelt viel mehr Geborgenheit als zum Beispiel das an- und aufregende Rot des Feuers. Die Bildung der Lebensgrundlage hingegen ist immer beruhigend.

Grüne Pflanzenzellen sind also höchst spezialisierte lichtchemische Laboratorien. Bevor wir uns den Entwicklungsprozess darin genauer ansehen, wollen wir aber noch einmal einen Blick auf dasselbe Wirkungsprinzip im großen Gefüge unseres Planeten werfen. Über allen Baumkronen, über allen Wolken sehen wir den blauen Himmel. Wir wissen nun, warum die Wälder und Felder grün sind. Aber wieso sehen wir den wolkenlosen Himmel am Tag von jedem Ort der Erde aus in der Farbe Blau? In gewisser Weise macht die Erde beim Blau des Himmels dasselbe wie ein kleines Blatt. Himmelblau ist ein ganz ähnliches Daseinswunder unseres Planeten wie Waldesgrün. Das Blatt schafft in seinen äußeren Zellschichten mit grünen Einlagerungen den Filter, der die lebensfördernde Lichtmischung in die inneren Zelllaboratorien einwirken lässt. Diesen Trick wendet auch unser Planet an. Die Erde verfügt in den äußeren Schichten ihrer Atmosphäre über unzählige kleinste schwebende Partikel, Tröpfchen, Eiskristalle und flimmrigen Staub. Diese Partikel zerstreuen, brechen, reflektieren und absorbieren das unglaublich intensive Licht, das die Sonne durch das Weltall zur Erde schießt. Diese Strahlung ist so stark, dass sie ungefiltert das Leben auf Erden brutal verbrennen würde, anstatt es anzutreiben.

Es sind vor allem kurzwellige Strahlen, die dort oben in der Atmosphäre zerstreut und reflektiert werden. Auf diese Weise erreicht uns Erdbewohner unter dem schützenden Atmosphärenfilter ein deutlich milderes, gefiltertes Lichtspektrum. Je langwelliger die Strahlen, desto später brechen sie beziehungsweise desto besser gleiten sie ungebrochen durch den Partikelfilter der Atmosphäre. Langwellige Strahlen, also das orangerote Spektrum des Lichts, beginnt erst dann farbwirksam zu brechen und zu zerstreuen, wenn sein Weg durch die Luftschichten der Erde länger wird. Das geschieht am frühen Morgen beim Sonnenaufgang und am Abend beim Sonnenuntergang. In diesen Situationen muss das Licht ganz schräg durch den Atmosphärenfilter scheinen und so den weitestmöglichen Weg durch den Atmosphärenstaub zurücklegen. Während die kurzwelligen Anteile überwiegend bereits im ersten Teil des Weges zerstreuen, beginnen die langwelligen erst am Ende der Luftschichten die färbende Oberhand zu gewinnen. Deshalb sind die Sonnenauf- und -untergänge so wunderbar orangerot gefärbt.

Analog hierzu kann man die Schallwellen im Wald erklären. Harte und schrille Vogelgesangstöne hört man nie so weit wie die tiefen Bässe der meist größeren Sänger. Und das, obwohl beide oft gleich laut singen. Warum ist das so? Hohe Schallwellen sind wie das blaue Licht viel kurzwelliger und brechen und zerstreuen sich daher viel schneller im Nebel, Blatt- und Astgewirr des Waldes. Die langwelligen tiefen Töne können dagegen einen weiteren Weg durch den Waldfilter zurücklegen.

Zurück zu den Lichtwellen. Untertags, wenn die Sonne relativ steil auf die Erde scheint, ist der Weg der Strahlen durch die Atmosphärenluft relativ kurz. Auf dieser Strecke sind es noch überwiegend kurzwellige Blaulichtanteile, die durch Eiskristalle, Schwebepartikel und auch Luftmoleküle gebrochen, reflektiert und zerstreut werden. Dieses Geschehen färbt dann für unsere Augen den Tageshimmel blau ein. Es ist wohl einerlei, ob man daraus den Schluss zieht, dass sich Mensch und Tier an die bestehenden Lichtverhältnisse angepasst haben, oder ob man es so sieht, dass der Planet unser Dasein auf die gleiche Weise fördert, wie es die kleinste Tannennadel in ihrem Inneren tut. Klar ist: Aus dem nie versiegenden Energieüberfluss, den die Sonne täglich zur Erde schickt, filtert die Atmosphäre wie auch die Tannennadel jenes Gemisch an Wellenlängen heraus, das dem Leben guttut. So gesehen sind Himmelblau und Waldesgrün reine Lebensfilter, die uns Menschen jeden Tag mit Freude und Dankbarkeit erfüllen können. Erst diese beiden Farben sorgen für ein gutes Leben auf der Erde.

Grün und Blau sind natürlich nicht die einzigen Farben, die eine wichtige Funktion ausüben. Nichts auf Erden blüht und leuchtet bunt ohne Sinn und Segen. Doch bleiben wir vorerst noch bei den grünen Bäumen. Im Mikrokosmos des kleinsten Blattes wird durch den grünen Farbfilter nur das hereingelassen, was das Leben gedeihen lässt. Im Makrokosmos des ganzen

Planeten erfüllt der Atmosphärenfilter genau dieselbe Funktion. Wie immer in der Natur gelten Gesetze, die im Kleinen wirken, aber auch im großen System. Und wie bei jeder Betrachtung solcher grundlegenden Lebenswunder bekommen wir Menschen gezeigt: Ihr seid ein wunderbarer Teil des Ganzen. Staunen wir dankbar über solche Schöpfungsgeschenke. Vor allem aber: Tun wir alles, was in unserer Macht steht, um diese Wunder auch für unsere Enkelkinder, für die nachfolgenden Generationen zu erhalten.

Gehen wir bei unserer Farbbetrachtung einen Schritt weiter und erforschen wir, mit welch wunderbarer Akribie, Vielfalt und Kreativität Pflanzen in ihrem Inneren das filternde Chlorophyll benutzen. Die Zellen eines Blattes oder einer Nadel sind ja bei Weitem nicht einfach nur grün eingefärbt. Betrachtet man das Zelldesign unserer Pflanzen unter dem Mikroskop, ist man immer wieder überrascht. Jede Zelle ist für sich ein technisch vollkommen ausgereifter Braukessel zur Produktion lebensnotwendiger Stoffe.

Die Energieversorgung erfolgt, wie bereits erwähnt, über den exakt gefilterten Sonnenstrahlenmix, der hier benötigt wird. Der grüne Filter, der dies leistet, wird in Form von kleinsten Chlorophyllkörnern oder -punkten erzeugt. Das Aufbringen der Farbe in Punktform hat den großen Vorteil, dass die Punkte sich drehen oder wandern und dem Winkel der Sonne folgen können. Überall dort, wo eine besonders hohe Filterwirkung benötigt wird, werden besonders viele Punkte dicht aneinandergesetzt. So sind die äußersten Zellschichten in jedem Blatt besonders dicht mit grünen Punkten versehen.

Um ganz sicherzugehen, dass kein Lichtstrahl eine Lücke findet, durch die er ohne grüne Filterung ins Blattinnere gelangen könnte, wählen Pflanzen zusätzlich in den äußeren Zelllagen dünnere, lang gestreckte Zellformen, an deren Wänden die Chlorophyllkörner perlenkettenartig aufgefädelt sitzen. Aus jedem Winkel trifft der Lichtstrahl so auf das regulierende Grün.

Die Anzahl der grünen Chlorophyllpunkte wird ständig der Umwelt angepasst. So weist ein Buchenblatt im tiefen Waldesschatten ein ganz anderes Grün auf als das Blatt desselben Baumes zuoberst in der Krone, wo es immer dem prallen Sonnenlicht ausgesetzt ist. Diese Anpassung ist permanent, intelligent und höchst effizient.

Unsere Bäume und grünen Pflanzen sind also mit idealen optischen Konstruktionen versehen, um das Sonnenlicht stets in der genau richtig gefilterten Form als ewig verfügbaren Treibstoff in ihr Inneres, in die chemische Werkstatt zu bringen. Um wie viel klüger und lebensfreundlicher ist doch dieses Energieversorgungskonzept als alle menschlichen Errungenschaften der letzten hundert Jahre? Die Sonne schickt jeden Tag tausendmal mehr Energie auf die Erde, als alle Menschen verbrauchen können. Jedes Atomkraftwerk, jede Kohle-, Erdgas- und Erdölverbrennung ist ein Zeugnis unseres Unvermögens, dieses Geschenk zum Wohle aller anzunehmen. Von dem virtuosen Umgang der Bäume mit Energie, von der lebensfördernden Art und Weise, stets und an jedem Ort aus den dort vorhandenen Stoffen genial einfache Lösungen zu finden – davon können wir Menschen viel lernen. Bäume benötigen keinen Atomstrom, keine Verbrennung fossiler Bodenschätze, die den Atmosphärenfilter zerstören. Sie holen sich durch feine Filtertechnik einfach die Kraft der Sonne und verpesten keine Luft, die wir zum Atmen brauchen. Diese großartige Leistung vollbringen sie obendrein mit der allergrößten Effizienz und Ressourcenschonung. Die punktförmige Anordnung des grünen Chlorophylls ermöglicht nicht nur eine ständige Anpassung des Grünrasters an veränderte Lichtverhältnisse. Wie wir später sehen werden, bietet es im Herbst beim großen Blattfall auch die beste Möglichkeit, den kostbaren Grünstoff einzusammeln und über den Winter im Inneren des Baumes zu lagern, bevor das ausgediente Blatt der Erde übergeben wird.

Wenn nun das Pflanzengrün der einzig wunderbare Filter ist, der die Fotosynthese ermöglicht, warum gibt es dann auch noch die ganze bunte Farbpalette vom Rot der Rose bis zum Violett des Lavendel, von Edelweiß bis Enzianblau? Gewiss, bunte Blütenfarben können Insekten anlocken und so die Befruchtung und Verbreitung der Pflanzen unterstützen. Aber das allein ist noch lange nicht die ganze Wirkung, die sich aus den bunten Blüten ergibt. Wir haben ja soeben gesehen, wie klug die Natur mit einfachsten Mitteln komplexe chemische Vorgänge ermöglicht. Da liegt es auf der Hand, dass auch der Einsatz so vieler Farben kein Zufall und auch keine Modeerscheinung einzelner Pflanzendivas ist. Nein, es steckt tatsächlich viel mehr dahinter.

Die Wirkung bunter Blütenfarben lässt sich an allgemein bekannten und weit verbreiteten Heilkräutern besonders gut beleuchten. Schauen wir uns als Beispiel die orangerote Ringelblume an. Inzwischen wissen wir, dass die Farbe dieser Pflanze die relativ langwelligen orangen Farbtöne reflektiert. In ihrem Inneren verarbeitet sie daher mittel- und kurzwelliges Licht. Die Ringelblume besitzt bekanntlich eine hohe Wundheilkraft. Insbesondere bei Wunden mit sekundären Entzündungen und eitrigen Entwicklungen wird die Ringelblume in der Volksmedizin seit uralten Zeiten mit Erfolg verwendet.

Wohl die wichtigste Wundheilpflanze der Volksmedizin ist aber die Arnikablüte. Ist es ein Zufall, dass die Farbe dieser Blüte sehr nahe am Orange der Ringelblume liegt? Arnika ist vielleicht eine Spur heller, was bedeutet, dass neben den kurzwelligen Kräften noch ein klein wenig mehr vom langwelligen Rot ins Pflanzeninnere hineingelassen wird.

Die Volksmedizin kennt jedoch einen feinen Unterschied zwischen beiden Pflanzen. Arnika verschließt Wunden überaus schnell. Arnikatinktur oder -öl werden daher für frische, flache Wunden verwendet. Bei tiefen beziehungsweise entzündeten Wunden wäre Arnika ein Risiko, weil es äußerlich verschließt, im Inneren die Entzündung aber weitergeht. Ringelblumenöl in Kombination mit einer Lärchenpechsalbe hingegen wäre in einem solchen Fall ein wahres Wundermittel, doch darüber später mehr.

Die beiden wundheilenden Pflanzen blühen also orangegelb. Schauen wir uns zum Thema Wundheilung noch ein drittes Pflanzenbeispiel an. Sobald eine Wunde einigermaßen verheilt ist und Gewissheit besteht, dass die Gefahr entzündlicher Prozesse gebannt ist, geht es in der weiteren Behandlung um die Vermeidung großer Narbenbildung. Ein Mittel erster Wahl zur Narbenvermeidung ist das Johanniskraut. Die Blüten werden bei hohem Sonnenstand trocken geerntet und in gutem Öl einige Wochen an der Sonne angesetzt. Mit diesem Öl sollen die Narben dann täglich gesalbt werden. Es ist beeindruckend, wie wirksam Johanniskrautöl Narben verringert und vermeidet. (Achtung, mit Johanniskrautöl eingeriebene Haut darf jedoch niemals der Sonne ausgesetzt werden. Sie kann je nach Hauttyp sehr sonnenempfindlich werden, solange sich dieses Öl darauf befindet. Am besten also abends einreiben.)

Mit welchem Farbfilter stellt das Johanniskraut seine Wirkung her? Er ist wieder nahe bei den anderen beiden klassischen Wundpflanzen, im Gegensatz zu Ringelblume und Arnika allerdings klar gelb mit geringsten Orangeanteilen. Johanniskraut verwendet demnach hauptsächlich mittlere und kurze Lichtwellenenergie. Zusätzlich kommt aber noch einmal eine Brise an langwelligem Rot und Orange dazu. Die gelbe Wellenlänge scheidet völlig aus, wird zurückgeworfen und sorgt für das gelbe Erscheinungsbild des Johanniskrauts in unseren Augen.

Wer also Wundheilungsunterstützung aus Pflanzenkraft sucht,

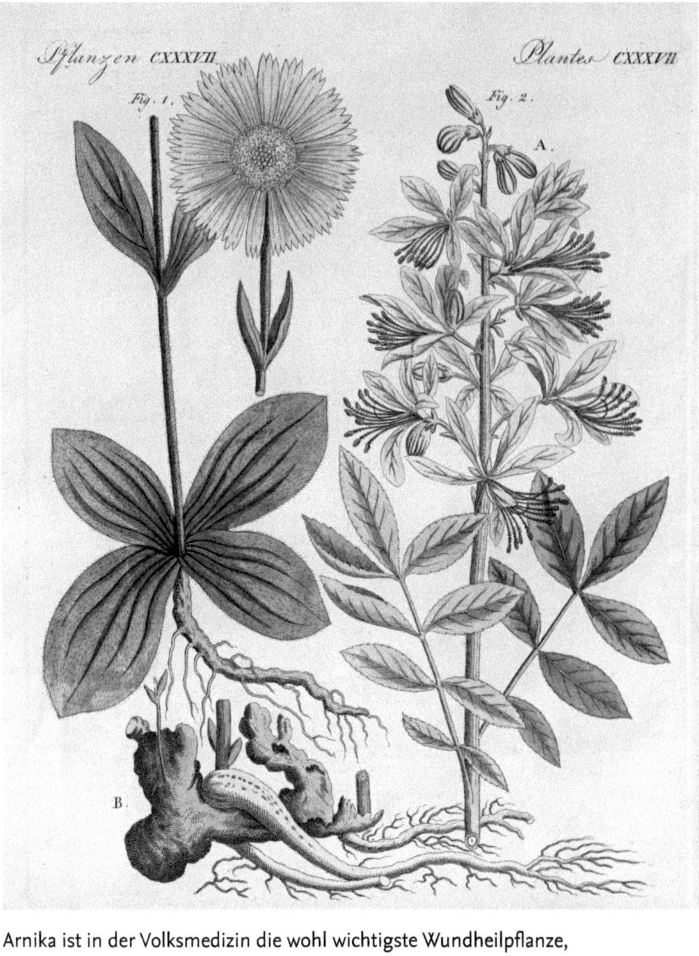

Arnika ist in der Volksmedizin die wohl wichtigste Wundheilpflanze, sie verschließt frische flache Wunden überaus schnell.

Die orangerote Ringelblume besitzt eine hohe Wundheilkraft. Angewendet wird sie insbesondere bei Wunden mit sekundären und eitrigen Entzündungen.

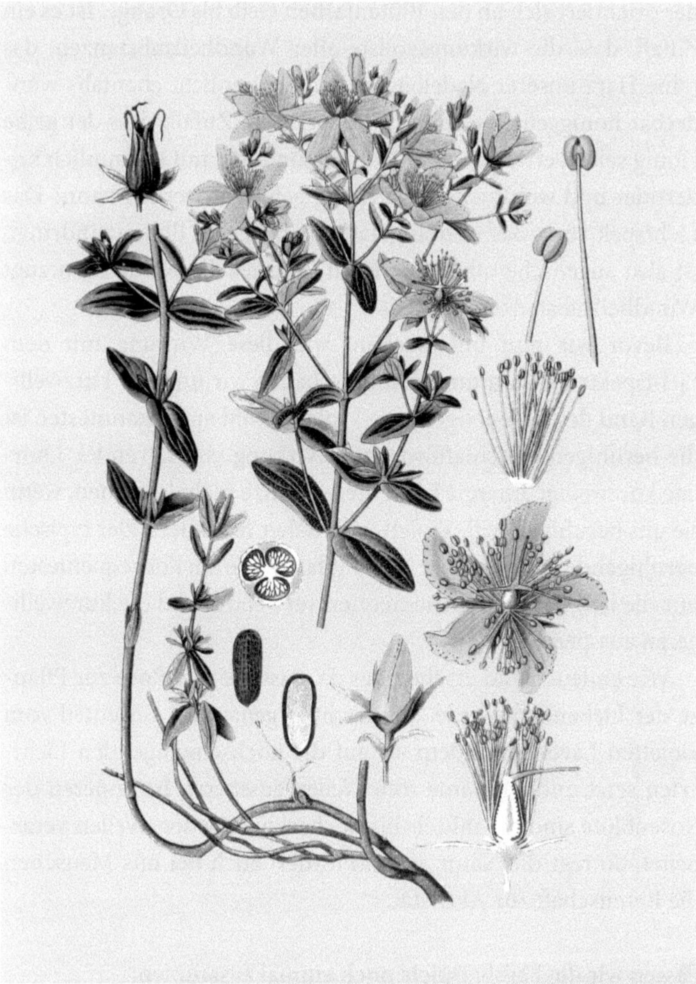

Das Johanniskraut (in Form von Öl) dient vor allem der Vermeidung von Narben, seine Wirksamkeit ist hier beachtlich.

der orientiert sich an den Blütenfarben Gelb bis Orange. Ist es ein Zufall, dass die wirkungsvollste aller Wundheilsubstanzen, das reine Harz unserer Nadelbäume, im Sonnenlicht ebenfalls wunderbar honiggelb erscheint? Und ist es ein Zufall, dass der gelbe Honig selbst, etwa bei einer Halsentzündung, mit erstaunlich lindernder und wohltuender Wirkung gelutscht werden kann? Das Lichtspektrum, das in orangefarbene bis gelbe Blüten eindringt, ist also augenscheinlich eine Kraft, mit der die Natur bevorzugt Wundheilsubstanzen herstellt.

Bevor wir nun untersuchen, wie diese Wirkung mit dem Lichtspektrum zusammenhängt, schauen wir uns den kurzwelligen Rand des Regenbogens an: Violett. Wohl am bekanntesten ist die beruhigende, schlaffördernde Wirkung von Lavendel. Quirlige kurzwellige Energie kann diese Pflanze nicht brauchen, wenn sie uns beruhigen will. Violett wird daher reflektiert. Der typische beruhigende Duft entsteht in der Pflanze, die am konsequentesten nur die langsameren Lichtenergien verwendet und die kurzwelligeren aussperrt.

Wie einleuchtend erscheint es da, dass die rote Rose zur Pflanze der Liebenden wurde. Sie macht ja genau das Gegenteil vom violetten Lavendel, indem sie auf die hochschwingenden Lichtarten setzt und langsame rote Wellen aussperrt. Im Inneren der Rosenblüte sind die mittel- bis hochschwingenden Wellen verarbeitet. So regt die Natur an und fördert auch bei uns Menschen die Bereitschaft zur Aktivität.

Fassen wir die Farbbeispiele noch einmal zusammen:

- *Grün:* Die Farbe der Mitte verwendet im inneren Pflanzenlabor gleichermaßen lange und kurze Lichtwellen. Dadurch wird die Luft zur Nahrung für die Wälder. Aus CO_2 und Wasser entsteht Holz.

- *Orangegelb:* Kurze Wellen und ein Schuss langwelliges Rot lassen alle Wunden heilen.
- *Violett/Indigo:* Was das schnellste, quirlige Licht aussperrt, beruhigt uns, lässt uns tief schlafen.
- *Rot:* Was rot erscheint, reflektiert die langen Wellen und verarbeitet im Inneren alle kürzeren, schnelleren Lichtkräfte. So werden sogar Verliebte noch verliebter!

Diese wenigen Pflanzen- und Farbbeispiele erheben natürlich nicht den Anspruch auf Vollständigkeit. Selbstverständlich entstehen Heilkräfte in einer Pflanze keinesfalls aus dem Lichtgemisch allein. Entscheidend sind noch Spurenelemente, Mineralien aus dem Boden, um unvorstellbar komplexe Molekülstrukturen herzustellen. Strukturen, die dann desinfizierend oder beruhigend, anregend oder wachstumsfördernd auf unseren Organismus wirken.

»Die Pflanzen mischen die Schwingungen aus dem Sonnenlicht je nach Bedarf und bereiten sie auf, sie regen an oder beruhigen, sie feiern und heilen, sie fördern und grenzen sich ab. In jedem Fall zeigen sie uns: Das Leben ist bunt und nicht grau.«

Das Wunder Leben entsteht durch die Vereinigung himmlischer und irdischer Welten. Licht ist die Energie, die in messbaren Wellenlängen strahlende Kraft des Äthers. Die aus Mineralstoffen und kristallinen Strukturen geformte Erde ist der Grund, aus dem dann durch die himmlischen Energien alle materiellen Formen, Zellen und Gestalten wachsen. Dennoch, das Wunder wäre nicht möglich ohne ein Lichtspektrum, das durch den für uns himmelblau erscheinenden Atmosphärenfilter zur Erde gelangt. Und es wäre nicht möglich ohne all die fein abgestimmten Filter, diese genial ausgetüftelten Farbpunktkonstruktionen in den Pflanzenzellen. Die Pflanzen mischen die Schwingungen aus dem Sonnenlicht je nach Bedarf und bereiten sie auf, sie regen an oder beruhigen, sie feiern und heilen, sie fördern und grenzen sich ab. In jedem Fall zeigen sie uns: Das Leben ist bunt und nicht grau – tatsächlich ein unfassbares Geschehen, in dem wir Menschen uns entwickeln dürfen!

Die nachwachsende Natur wechselt im Jahresverlauf beinahe wöchentlich ihr Farbkostüm. Eine wunderbare Übung der Naturbeobachtung ist das stete Betrachten desselben Waldortes, einer Bergwiese oder einer Landschaft. Versuchen Sie vom gleichen Motiv jede Woche oder alle vierzehn Tage ein Bild zu machen. Sie werden staunen, dass Sie diese Farbenspiele vorher nicht bewusst wahrgenommen haben. Und noch mehr, wenn Sie daran denken, dass keine Farbe aus Zufall entsteht, sondern dass dahinter immer ein chemischer Prozess im Blattinneren steht, eine genau komponierte Lichtfilterung, ein virtuoses Spiel des Lebens zwischen Sonnenhimmel und dunkler Erdenwelt.

Wer mag schon glauben, dass es auch in der Lebensgemeinschaft Wald ausgetüftelte Produktionsanlagen für Baustoffe, Medikamente, für Nahrungsmittelvorräte und für vieles mehr gibt. Schauen wir uns diese Alchemie der Bäume einmal genauer an.

3
Die Alchemisten der Natur

Wie Bäume lebenswichtige Verbindungen knüpfen

Tief einatmen und unsere Lungen mit guter Luft füllen. Damit beginnen wir Menschen als Allererstes, sobald wir geboren werden. Im Wechsel ein- und ausatmen, das tun wir, solange wir leben. Und mit dem letzten Atemzug verabschiedet sich unser Körper wieder vom irdischen Leben. Unsere Atmung wäre ohne Bäume undenkbar. Gute Luft auf diesem Planeten kommt direkt aus den Bäumen – aus ihren grünen Blättern und Nadeln – und von allen grünen Pflanzen. Bäume atmen Luft ein und aus wie wir Menschen auch. In ihrem Inneren geschieht mit der Luft allerdings etwas ganz anderes als in unserer Lunge.

Schauen wir aber zuerst, wie und wo die Bäume atmen. Wo sitzen die Nase und der Mund der Fichte, der Birke und ihrer Geschwister? Blätter und Nadeln erledigen auch diese lebenswichtige Arbeit.

Im schattigen Wald ist das Auffangen von Licht ein wichtiger Wettbewerbsfaktor, es ist Energie und Treibstoff zugleich. Alle Pflanzen sind daher bestrebt, möglichst viele grüne Lichtfangflächen in Richtung Sonne zu halten. Durch eine optimierte Stellung der Blätter und Nadeln zueinander wird die minimalste gegenseitige Beschattung und bestmögliche Lichtausbeute in einer Baumkrone erreicht. Schon Leonardo da Vinci hat genaue Beobachtungen zur ausgeklügelten Stellung der einzelnen Blätter angestellt. Seine Aufzeichnungen dazu gelten als erste bekannte Beschreibung und Erklärung von Blattständen, die den Zweck der gegenseitigen Beschattung und bestmöglichen Lichtausbeute erfüllen.

Nebenbei sei bemerkt, dass Leonardo da Vinci für seine Zeit unglaublich vorausschauende Experimente anstellte, etwa um die Wasseraufnahme von Blättern zu beweisen. Zudem war er der Erste, der das Dickenwachstum von Bäumen im Kambium, also in der Zellschicht zwischen Rinde und Stamm, richtig lokalisierte und beschrieb. Folgerichtig stellte er erst mal den Zusammenhang zwischen Jahresringen und dem Alter des Baumes her. Der Universalgelehrte hat also, was oft übersehen wird, auch in der Baumbiologie großartige Leistungen vollbracht.

Doch gehen wir zurück zur Oberfläche des Blattes. Diese widmet sich hauptsächlich der Aufgabe »Licht einfangen«. Die Intensität ihres Blattgrüns beziehungsweise die Gestaltung der lichtfilternden oberen Zellschichten hängt stets davon ab, ob ein Blatt an der Krone im vollen Sonnenschein arbeitet oder ob es im Halbschatten unter großen Bäumen das letzte spärliche Restlicht einsammelt (daher auch das dunklere Grün im Schatten).

Die Blattunterseite hingegen kümmert sich um das zweite wichtige Thema, hier steht die Atmung im Vordergrund. Diese ist für uns Menschen gleichbedeutend mit der Versorgung mit Sauerstoff. Die Lunge mit ihrem feinst verästelten Röhrensystem übergibt den Luftsauerstoff in unsere Blutbahn. Erst mithilfe dieses Sauerstoffes können wir unsere Nahrung verbrennen, also in Energie umwandeln. Bäume dagegen sind an einem ganz anderen Stoff aus der Luft interessiert. Sie holen sich CO_2 daraus, das sogenannte Treibhausgas. Darin steckt der wichtigste Baustein für die Riesen der Wälder, der reine Kohlenstoff.

Wie kommt nun die Luftnahrung in die Bäume hinein? Hauptsächlich an der Blattunterseite sitzen unzählige sogenannte Spaltöffnungen, die die Luft hereinholen, also atmen oder, wenn man so will, verspeisen. Je nach Baumart kann man auf einem Quadratmillimeter 100 bis 300 solcher Öffnungen zählen. Was für eine Vielzahl auf solch einem winzigen Fleck! Dabei sind diese Tore in das Blattinnere nicht nur winzige Löcher. Es sind vielmehr fein steuerbare Einlässe – kleine, organisch geformte Lippen –, die die gewünschte Lufteintrittsmenge exakt regulieren können. Die Menge an CO_2, die hineingelassen wird, entspricht dabei genau der vorhandenen Lichtenergie und den Möglichkeiten zur Weiterverarbeitung. Salopp gesagt: Die Pflanze isst nicht mehr, als sie auch verdauen kann, und steuert das entsprechend den jeweiligen Lebensbedingungen.

Die Spaltöffnungen und ihr Schließmechanismus erfüllen auch noch andere Aufgaben, etwa das Aufbauen eines regulierbaren Verdunstungssoges für den Wassertransport von der Wurzel zur Krone. Doch bleiben wir erst einmal bei der Luftnahrung und begleiten ein CO_2-Molekül, das gasförmig in der Luft schwebend zwischen den halb geöffneten wulstigen Lippen einer Spaltöffnung in das Innere des Blattes gesaugt wird. Unser Molekül besteht, wie sein Name CO_2 bereits erklärt, aus einem Kohlenstoff- und zwei Sauerstoffatomen, die durch eine unsichtbare Kraft, die inneren molekularen Bindungskräfte, relativ stabil verbunden sind.

CO_2 in der Luft entsteht etwa, wenn wir Menschen im Ofen, im Verbrennungsmotor unseres Autos, Flugzeuges oder sonst wo fossiles, kohlenstoffhaltiges Brennmaterial wie zum Beispiel Kohle, Erdöl oder Erdgas verbrennen. Dabei wird gespeicherte Sonnenenergie als Verbrennungsenergie frei und das C, der Kohlenstoff, verbindet sich mit zwei Sauerstoffatomen zu CO_2. Verbrennung heißt also, jedes Kohlenstoffatom aus dem Brennstoff mit zwei Sauerstoffatomen aus der Luft zu vermählen. (Deshalb ist es so wichtig, dem Feuer im Ofen genug frische Luft, also Sauerstoff, zuzuführen, wenn es lustig brennen soll.) In enger Umschlingung schweben die drei Atome dann als CO_2 gasförmig durch die Luft.

Das Kohlenstoffatom fühlt sich in seiner Verbindung sehr stabil. Es hat jene Energie, die zur Loslösung vom Sauerstoff führen könnte, bei der Verbrennung als Wärme abgegeben. Fest und innig, scheinbar nicht mehr auflösbar, hat es sich in die Umarmung des Sauerstoffes begeben. So würde es – zumindest unserem menschlichen Zeitverständnis nach – eine halbe Ewigkeit bleiben. Wenn da nicht die Blaualge vor langer Zeit einen Geheimcode gefunden hätte, der die Bindungskraft zwischen Kohlenstoff und Sauerstoff knacken kann.

An der Unterseite des Blattes hat unser CO_2-Molekül soeben nichtsahnend die Lippen der Spaltöffnung passiert. Es staunt nicht schlecht, dass ihm hier überall reiner Sauerstoff (O_2) ohne feste Verbindung zu einem Kohlenstoff entgegenkommt. Was soll's, unser CO_2-Molekül ist ja im stabilen Energiegleichgewicht. Da kann sich kein einsamer Sauerstoff hineinzwängen. Und unser Molekül wird auch schon weitergeschoben, die nächsten eingeatmeten CO_2-Moleküle drängen auf demselben Weg in das Blatt hinein. Flugs purzelt unser Molekül in einen Zellreaktor hinter dem grünen Vorhang. Welch seltsames Licht scheint hier? Die Bestandteile unseres Moleküls beginnen plötzlich angeregt zu schwingen und zu tanzen. Das ganze Gefüge bebt im einzigartigen chlorophyllgefilterten Licht. Aus ist es mit der ruhigen festen Umarmung. Losgelöst und für Neues bereit, finden sich Kohlenstoff und Sauerstoff, jetzt voneinander getrennt, in der grünen Pflanzenzelle wieder. Dieser unscheinbar und still ablaufende Prozess der CO_2-Aufspaltung mithilfe von Blattgrün haben wir bereits als Fotosynthese kennengelernt. In Summe ist der Vorgang ein Superlativ. Alles organische Leben, alle Pflanzen, alle Tiere und auch wir Menschen konnten erst durch diesen Schöpfungsakt auf Erden erscheinen.

Das Blatt selbst hat scheinbar nichts zu diesem Prozess beigetragen. Es hat lediglich den Zellraum hergestellt, in dem das ganz spezielle Licht, grün gefiltert, seine wundersame Arbeit tut. Es ist, wenn man so will, die größte Chemiefabrik der Erde – und auch die zukunftsweisendste, die man sich nur vorstellen kann. Sonnenstromgetrieben, abfallfrei und nachhaltig. Alle Erzeugnisse werden im Naturkreislauf wiederverwertet.

Mit der Gewinnung des reinen Kohlenstoffes im Blatt und in der Nadel hat die Natur das Tor zu einer unendlichen Gestaltungsvielfalt aufgestoßen. Vom vertrauten O_2 getrennt, sucht das reine C-Atom einsam nach neuen Anlehnungsmöglichkeiten. Der Baum wird da zum Heiratsvermittler. Er macht es sich einfach und nimmt den nächstbesten Stoff, der im Wald meist im Überfluss verfügbar ist. Wasser-Moleküle werden unserem Kohlenstoff als Braut vorgestellt. Und die Bindungssehnsucht macht eine neue Ehe zwischen Kohlenstoff und Wasser möglich. Daraus braut der Baum letztlich den Lebensstoff, das Gold des Waldes: Zucker! Es versteht sich fast schon von selbst, dass die Blätter bei der Hochzeit wieder für die richtige Beleuchtung sorgen, die die einzelnen Partner zur Zusammenkunft anregt.

Es würde den Rahmen dieses Buches sprengen, wenn wir alle Zuckerarten (von der einfachen bis zu den hochwertigen, die in unserer Ernährung auftauchen) anführen würden. Die Vielzahl, die aus den einfachen Zutaten Kohlenstoff und Wasser gebraut wird, ist nur schwer zu überschauen. Grob gesagt entstehen zunächst verschiedene Trauben-, Frucht- und Malzzucker. Diese noch süßen Molekülkomplexe werden dann zu Dextrinen, Stärken und verschiedenen Cellulosen zusammengefügt.

Obwohl aus Zucker entstanden, schmecken diese Folgeprodukte nicht mehr süß. Die einen, wie zum Beispiel die Stärken, können bei Bedarf und im Notfall wieder in die Zuckerbestandteile zerlegt werden. Sie stellen die Goldreserven des Staatswesens Baum dar. Es könnte ja passieren, dass ein Baum im Mai bereits alle Blätter ausgetrieben hat, die Fotosynthese gut angelaufen ist und dann kommt doch noch eine späte Frostnacht, die alles Grün gnadenlos zerstört. Da besteht höchste Lebensgefahr für unseren Baum. Womit jetzt noch einmal schnell austreiben und ein zweites Blattkleid bauen? In solch einem Krisenfall wird die Vorratskammer geöffnet und die Stunde der Stärken ist gekommen: Sie fließen bei Bedarf wieder als Zucker durch alle Röhren, Membrane und Kapillaren des Baumes. Wenn der Nährstoffnachschub aus der Fotosynthese, aus welchem Grund auch immer, versiegt, kann der Baum eingelagerte Stärkekolloide aus dem Regal holen, sie wieder zu Zucker zerlegen und damit etwa kooperierende Pilze und Mikroorganismen im Boden honorieren, sodass diese für ihn weiterarbeiten und ihn auch zu Notzeiten mit den Spurenelementen aus dem Humus versorgen, die der Baum beispielsweise für eine Wundversorgung benötigt. In der chemischen Verwandlung von Zucker zu Stärke und wieder zurück liegt sozusagen die Weisheit der Natur zur Krisenbewältigung für unsere Bäume.

Neben der Entstehung von Stärken formen die Bäume aus Zucker aber auch die Baustoffe für ihre hoch aufragenden Stämme, Äste und Kronen. Diese sind die tragfähige Cellulose, Hemicellulose sowie Lignin. Diesen Stoffen verdanken auch wir Menschen alle Holzbauten und -produkte, vom einfachen Holzstiel bis zur Stradivari, vom kleinen Holzhaus bis zum energieautarken Großbau in der Stadt, der neuerdings ohne Dämmstoff und ohne komplizierte Technik das nachhaltige Bauen und Wohnen der Zukunft ermöglicht.

Cellulose ist fest stofflich. Sie zimmert im Gerüst der Pflanze die Trillionen von Zellwänden zurecht und beteiligt sich somit maßgeblich am Aufbau von Holz, Bast, Kork und anderen Dauer- und Stützgeweben. Wie genial und optimiert die mikroskopisch kleinen Zellwand- und Tragkonstruktionen im Inneren des Holzes angelegt sind, wie ausgeklügelt und genau dem jeweiligen Zweck entsprechend geformt, das kann uns nur mit Staunen und Demut erfüllen. In der Mikroarchitektur des Baumes ist alles ideal gelöst. Kein Mensch könnte daran noch etwas verbessern.

Eine einzige Frage bleibt offen: Wo ist der Plan, die Idee, die Vorlage, die solch einem Werk wie dem von der Natur perfekt geschaffenen Baum vorausgehen muss? Wo ist die lenkende Schaltzentrale, die Milliarden Vorgänge koordiniert und solch ein Wunder ermöglicht, das tagtäglich für die Erhaltung aller Lebensqualität auf Erden sorgt? Seit es Menschen gibt, haben sie versucht, in der Religion und Philosophie Antworten darauf zu finden.

Bäume haben noch eine ganze Reihe weiterer Aufgaben zu erledigen. So müssen beispielsweise verschieden duftende Botenmoleküle gebaut werden; die spröden Cellulosezellwände elastisch gemacht werden und doch fest miteinander verbunden bleiben; die Samen in eine schmackhafte Hülle gepackt werden, sodass Wildschwein und Co. den unverdaulichen Samenkern transportieren und ihn nach längerer Wanderung wieder ausscheiden. Für viele Spezialzwecke reichen die Grundzutaten Kohlenstoff und Wasser allein jedoch nicht aus. Der nächste wichtige Stoff, den Bäume daher für sich verwenden, ist Stickstoff (N) sowie eine Reihe von Spurenelementen aus dem Boden wie Schwefel, Phosphor, Magnesium, Kalzium oder Eisen.

Wir ahnen es bereits: Diese Stoffe kommen zwar nur in ganz kleinen Mengen hinzu, trotzdem werden die Bäume damit endgültig zu Alchemisten, die eine unüberschaubare Vielzahl an Wirkstoffen herstellen. Öle, Fette und Eiweißformen dienen auf wundersamste Weise den Lebenszielen des Baumes.

Lange bevor wir Menschen für unsere Computer die Datenspeicherung auf kleinsten Mikrochips erfunden haben, wurden von Bäumen mithilfe von Aminosäuren und Eiweißstoffen ganze Baupläne in ein winziges Samenkorn geschrieben.

Allen großartigen medizinischen Errungenschaften der Menschheit zum Trotz finden wir immer noch die höchstwirksamen Abwehrstoffe gegen lebensfeindliche Bakterien, Viren und Pilze im Baumharz. Die Harze unserer Nadelbäume sind im gemeinsamen Konzert vieler fein abgestimmter Säuremittel wahre Wundermedikamente, wenn es darum geht, organische Zellen zu schützen und lange leben zu lassen. Mit diesen genialen Inhaltsstoffen schaffen es Bäume, unglaublich alt zu werden. Hinsichtlich Anti-Aging sind sie uns Menschen immer noch haushoch überlegen. Die Harzrezepturen, mit denen die Waldriesen ihre hölzernen Körper fit halten, sind derart komplex und fein abgestimmt zusammengebaut, dass es uns Menschen nicht möglich ist, diese wertvollen Stoffe im Labor auf wirtschaftliche Weise synthetisch nachzubauen.

Angesehene Universitäten und Schulmediziner bestätigen die Abwehrkraft des Harzes. Wie schön und wichtig ist es, wenn auch diese Institutionen die Weisheit der ältesten Lebewesen auf Erden in ihre Arbeit einfließen lassen. Immerhin sind die Zellen des Baumes aus genau denselben Grundbausteinen gebaut wie die Zellen unseres Körpers. Und immerhin schaffen es Bäume, ihre Zellen oft jahrtausendelang funktionsfähig zu halten. Von dieser Weisheit können und dürfen wir Menschen lernen.

Alles Wirken und Verwandeln in den Bäumen öffnet uns Menschen die Augen für die großartige Vernetztheit und Genialität natürlicher Schöpfungskunst. Es gibt uns aber auch ganz praktische Hinweise für unsere eigene Gesundheit und Lebenskraft. Der erste Grundbaustein, aus dem die Natur alles organische Leben schöpft, entsteht durch die Verbindung von Kohlenstoff und Wasser. Diese Verbindung glückt, weil sie mit Sonnenenergie aufgeladen ist. Das erste nutzbare Produkt daraus ist Zucker.

Für den Baum ist Zucker ein ideales Rohmaterial, an das die Elemente aus dem Boden, wie etwa Stickstoff, Schwefel, Kalium,

Kalzium, Phosphor oder Magnesium, leicht angedockt werden können. Ohne dass sich der Baum große Mühe machen müsste, greift der Zucker gierig nach Spurenelementen in seiner Umgebung.

»Wo ist die lenkende Schaltzentrale,
die Milliarden Vorgänge koordiniert und
solch ein Wunder ermöglicht,
das tagtäglich für die Erhaltung
aller Lebensqualität auf Erden sorgt?«

Der Zucker macht es den Bäumen leicht, zum ewig ausprobierenden Alchemisten zu werden. Und die Bäume haben Zeit. Viel Zeit; seit beinahe 400 Millionen Jahren experimentieren sie. Dabei haben sie, wie bereits beschrieben, die intelligentesten, höchstwirksamen Stoffe gezaubert. Je mehr sie das ursprünglich einfache und hungrige Zuckermolekül chemisch mit Spurenelementen verfeinert haben, je mehr sie es zusätzlich physikalisch in die spannendsten Komplexe und Mischformen gefügt haben, desto feiner, vielfältiger und ganzheitlich lebensunterstützender ist die Wirkung dieser Stoffe geworden. Das sollten wir uns merken: Erst nach Sättigung und Verfeinerung entstehen aus Zucker die wirklich lebenskräftigenden Stoffe. Der Zucker selbst ist also ein schnell verbrennbarer Energieträger, der stets darauf aus ist, andere wichtige Elemente an sich zu ziehen. Wie Bäume mithilfe von Zucker Heerscharen wichtiger Arbeiter für sich verdingen, werden wir im nächsten Kapitel lesen.

Während der Zucker auf der einen Seite eine so wichtige Verbindung mit den Bäumen eingeht, ist er andererseits in der Lage, uns Menschen mit seiner betäubenden Süße süchtig zu machen. Diese Abhängigkeit nutzt die Wirtschaft gnadenlos aus. Jeder kennt die Zuckerfallen an Supermarktkassen. Dort, wo Eltern mit ihren Kindern warten müssen, lauern bunt dekorierte Zuckerbomben in allen Variationen. Oftmals müssen Eltern einen nervigen Kampf mit ihren Sprösslingen führen. Viele knicken ein, beruhigen ihr Kind mit einer verpackten Süßigkeit, und der Zucker hat wieder für Umsatz und Gewinne gesorgt.

Was aber bedeutet übermäßiger Zuckergenuss für uns Menschen? Bildlich gesprochen wird der Zucker im Körper zum Räuber. Seine Sehnsucht nach weiteren Verbindungen treibt ihn dazu, dem Stoffkreislauf wichtige Spurenelemente zu entnehmen und uns damit ärmer an wertvollen Aufbaustoffen zu machen. Industriell hergestellter Zucker – den wir in Süßigkeiten und Limonaden in viel zu hohem Anteil zu uns nehmen – ist der aggressivste Räuber. Zucker, den wir in Form von Obst zu uns nehmen, ist hingegen viel verträglicher, denn hier gibt die Natur in ihrer Weisheit dem Zucker bereits viele Begleitstoffe mit, sodass er sich nicht so sehr an unserem Körper »vergreifen« muss.

An diesem Beispiel zeigt sich wieder einmal der Grundsatz, dass von der Natur aufbereitete Lebensmittel den menschlichen Chemiefabriken stets überlegen sind. In Obst und Gemüse, aber auch im Fleisch artgerecht lebender und ernährter Tiere komponiert die Natur ein wohlklingendes Gesamtkonzert aus zahlreichen sinnvoll ineinanderschwingenden Instrumenten und Klängen. Die vom Menschen einzeln extrahierten Wirkstoffe, wie etwa reiner Zucker, könnte man dabei mit einem einzelnen Ton des Orchesters vergleichen. Für sich allein genommen klingt er eintönig und wird rasch zur Plage. In Begleitung aber, im Zusammenspiel, entsteht die Symphonie. Die Genialität der Verbundenheit aller ist die große Weisheit der Natur, von der wir so viel lernen können.

Zum Schluss noch ein persönlicher Hinweis. Zucker ist ein Räuber, aber dennoch in vielen Formen köstlich. Wichtig ist, wie so oft, das richtige Maß. Menschen, die sich von klein auf gesund

und ausgewogen mit viel Gemüse, Obst und Vollkornprodukten ernähren und ausreichend bewegen, können ohne Schäden manches Tortenstück, manche Süßspeise verkraften und abbauen. Wenn wir jedoch bereits kleine Kinder an stark gesüßte Limonaden und Leckereien gewöhnen, dann verringern wir ihre Chancen auf Gesundheit und Lebenskraft. Wer Zucker zu sich nimmt, der sollte es bewusst tun und ihn auch bewusst genießen. Als Grundnahrungsmittel jedoch ist er ungeeignet. Hauptsächlich ernähren sollten wir uns vom fertigen Zauber, den die Natur täglich für uns neu und frisch unter der Sonne in Früchten und Gemüse in all ihren Lebensformen reifen lässt.

Schauen wir uns im nächsten Kapitel an, wie Bäume den Zucker im Wald als Zahlungsmittel einsetzen und was sie damit einkaufen. Vielleicht können wir in Zeiten, in denen unser menschengemachtes Finanzsystem regelmäßig Krisen verursacht, von dem der Bäume sogar etwas lernen. Und wenn wir zu den unterirdischen Handelsplätzen an den Wurzelspitzen gehen, gibt es sicher auch noch weitere Strategien zu entdecken.

4
Wurzeln

Wie die Bäume unter der Erde ein krisenfestes Informations- und Handelssystem schaffen

Sie greifen nach der Erde. Sie umarmen den Boden. Sie bohren sich tief und tiefer. Erde und Steine werden miteinander verwoben. Alles Dunkle, für uns Menschen Unsichtbare, durchdringen sie gründlich. Sie schlürfen nach dem lebensnotwendigen Wasser, sie schürfen nach Nährstoffen. Ohne Mineralstoffe und Spurenelemente aus dem Humus ginge oben in den Baumkronen gar nichts. Obwohl die Bäume ihre hauptsächliche Nahrung, den Kohlenstoff in Form von CO_2, aus der Luft atmen, können sie daraus nur dann ihr Holz, ihre Rinde, ihre Blätter und Nadeln bilden, wenn die Elemente aus der Erde hinzugefügt werden. Und so treiben die Wurzeln ihr Geflecht unermüdlich voran, immerzu in der Hoffnung, neue nährstoffreiche Gründe zu finden. Schlangenartig winden sie sich durch karge Schichten hindurch. Sobald aber fettere Regionen aufgespürt werden, verästeln und verzweigen sich die Wurzeln besonders dicht und intensiv – die Fundstellen sollen fleißig abgeerntet werden. Dazu benötigen sie möglichst viele feine Haarwurzeln.

Ein Baum wächst in drei Richtungen. Wipfeltrieb um Wipfeltrieb geht es in die Höhe, und Jahresring um Jahresring schwellen die Stämme in ihrem Umfang. Gleichzeitig schieben sich die Wurzelspitzen machtvoll durch scheinbar undurchdringbare Bodenschichten immer tiefer ins Erdreich hinein. Ganz gleich ob lockerer Humus oder dichter Lehm, trockener Sand oder schlammige Ufer – unbeirrt bohren sie sich durch die Hindernisse hindurch oder geschickt daran vorbei. Wurzeln sind Wanderer durch finstere Welten. In ihrer dunklen Erdentiefe haben sie vielfältige und kluge Strategien des Überlebens, des Vorankommens, des Erfolgs entwickelt.

Wer in so schwierigem Terrain vorwärtskommen will, der kann sich zunächst keinen unnötigen Aufwand und keine sinnlosen Kämpfe leisten. Mit allen Lebewesen, mit allen Partnern wollen kluge Kooperationen geschlossen werden. Freunde sind immer gut und Zusammenarbeit macht es oftmals einfacher. Streit hingegen vergeudet wertvolle Lebenskraft und bringt am Ende nichts. Das wissen die Wurzeln offenbar.

Aber noch etwas wissen sie ganz genau. Kooperation und Freundschaft funktionieren nur dann, wenn es beiden Beteiligten dabei gut geht. Die Wurzel gibt im selben Maße, wie sie von den anderen nimmt. Sie kümmert sich geradezu mütterlich um ihre Freunde, die ihr Gutes tun. Alles nur horten und bei sich behalten, das führte ja zur Erstarrung, und diese ist in der Natur immer gleichbedeutend mit dem Sterben. Darum streben auch die Wurzeln danach, im Fluss des Lebens zu bleiben.

Mit wem tritt die Wurzel unter der Erde in Austausch, mit wem treibt sie ihren Handel? Die ersten Freunde der Wurzeln sind die Pilze. Sie sind geradezu wahre Gefährten, die mit ihren Begleitern, den Bäumen und ihren Wurzeln, durch dick und dünn gehen. Da kann sich jeder auf den anderen hundertprozentig verlassen. Und: Ganz gleich ob Eierschwammerl oder Herrenpilz, Fliegenpilz oder unbekannter Kappenträger am Waldboden, bunt oder unscheinbar, klein und bauchig oder stolz und langstielig – sie alle leben nicht umsonst immer in der Nähe von Bäumen (unter erfahrenen Pilzsammlern heißt es: »Kein Baum – kein Schwammerl!«).

Die Bodenschichten in einem mitteleuropäischen Wald. Beeindruckend: das Volumen der Wurzeln.

Das schon beachtliche Wurzelgeflecht eines Baumsetzlings.

Was steckt hinter diesen Fruchtkörpern, was bindet ihr Erscheinen an stets denselben Ort? Pilze sind tatsächlich geheimnisvolle Wesen. Was wir von ihnen sehen und gelegentlich verzehren, ist der geringste Teil ihres Körpers. Die für uns sichtbaren, wunderlich geformten Pilze am Waldboden sind nichts anderes als kurzzeitig ausgetriebene Fruchtkörper, die der Sporenbildung und Fortpflanzung der unterirdischen Erdbewohner dienen. Ansonsten ist der Pilz ein Wesen, das unter der Erde haust, wurzelartig, still und verborgen. Das tatsächliche Pilzsystem ist ein unvorstellbar weitläufiges Netz feinster Fäden, die sich durch den Waldboden ziehen. Die Masse der Schwämme, die wir oben sehen und ernten können, ist im Verhältnis zum unterirdischen Pilz noch viel geringer als die Spitze eines aus dem Wasser ragenden Eisbergs zu der Eismenge unter Wasser. Für ein Kilogramm Schwammerl lebt unterirdisch eine Myzelsubstanz mit bis zu 30 000-fachem

Gewicht. Beim Eisberg liegt dieses Verhältnis bei lediglich eins zu fünf.

Die Dimensionen, die Pilze annehmen können, sind tatsächlich atemberaubend. Pilzforscher, Mykologen genannt, haben in den USA den bis heute größten bekannten Pilz entdeckt. Ein Hallimasch, der eine Fläche von 900 Hektar durchzieht und insgesamt 600 Tonnen schwer ist. Das ist in etwa so viel wie vier Blauwale, wohlgemerkt das größte Tier auf Erden. Das Alter dieses Exemplars wird auf 2400 Jahre geschätzt.

Wissenschaftler gehen davon aus, dass es Pilze länger auf dem Festland unseres Planeten gibt als alle Pflanzen und Tiere. Vor circa 1,3 Milliarden Jahren sind sie als erste Landbewohner aufgetaucht, und bis zum heutigen Tag führen sie eine merkwürdige Lebensweise: Pilze atmen – wie wir Menschen auch – Sauerstoff ein und CO_2 aus. Also gegensätzlich zu den Bäumen und grünen Pflanzen, die CO_2 ein- und Sauerstoff ausatmen.

Pilze essen darüber hinaus Zucker und Kohlenhydrate. Sie essen organisches Material, wie wir Menschen und Tiere das auch tun. Botanisch gesehen sind sie die dritte eigenständige Art von Lebewesen neben den Pflanzen und Tieren.

Wie konnten sie dann damals vor 1,3 Milliarden Jahren am nackten Stein überleben? Da kommt wieder einmal die Chemie ins Spiel. Die ersten Pilze haben gelernt, Oxalsäure herzustellen und abzusondern. Diese Säure zersetzt den Stein, pulverisiert ihn. Aus Steinmehl und abgestorbener Pilzsubstanz entstand dann der erste Humus. Und die Pilze sind wahre Lebenskünstler. Bis zum heutigen Tag haben sich zahllose Sorten und Unterarten gebildet. Es gibt kaum einen Ort und ist er noch so unwirtlich und lebensfeindlich, an dem nicht irgendeine Pilzart existiert. Ihre Überlebensstrategien sind geradezu mannigfaltig. So haben manche Pilzarten die erstaunliche Fähigkeit entwickelt, Radioaktivität als Energiequelle zu nutzen. Während Pflanzen bekannterweise Sonnenenergie verwenden, gibt es Pilze, die keine Sonne brauchen und sich sogar in atomverseuchtem Gebiet wohlfühlen.

Für uns Menschen gibt es nützliche, aber auch schädliche Arten. Zu Letzteren zählen Pilze, deren Sporen und Inhaltsstoffe uns gar nicht guttun. Schimmelpilze etwa, die unsere Nahrungsmittel zerstören und in der Wohnung eine üble Gesundheitsbelastung darstellen. Auf der anderen Seite liegt in den Pilzen ein ungeahnter Segen für die Menschheit, der bisher nur zum Teil genutzt wird. Es besteht bei den Pilzen nicht nur eine starke Ähnlichkeit zu uns Menschen, was Atmung und Ernährung anbelangt. Die Pilzkörper werden zudem von ganz ähnlichen Krankheitserregern und Bakterien befallen. Sie müssen sich im Grunde gegen dieselben Angreifer wehren wie wir Menschen. Zur Abwehr haben Pilze die wirkungsvollste Substanz entwickelt: Penicillin. Louis Pasteur hat dieses Antibiotikum nicht neu geschaffen. Er hat es vielmehr in den Pilzen als deren Heilsubstanz entdeckt und uns Menschen zugänglich gemacht.

Pilze können uns aber nicht nur mit Penicillin versorgen. Sie können beispielsweise auch auf biologische Weise hochgiftige Insektizide ersetzen. Sie können fettlösende Substanzen für Biowaschmittel herstellen. Und – das klingt fast schon surreal – sie können auch lernen. Wissenschaftler haben bestimmten Pilzen beigebracht, komplexe Kohlenwasserstoffe wie Erdöl zu verzehren. Mit solchen Pilzkulturen können ölverseuchte Böden, wie sie etwa bei Tankstellen vorkommen, höchst erfolgreich gereinigt werden. Vereinfacht kann man sagen: Pilze, die außer Erdöl nichts zu fressen bekommen haben, lernten am Ende eben Erdöl zu verdauen.

Zurück zu den Pilzen, die im Waldboden geblieben sind. Dort unten sind sie nicht nur die allgegenwärtigen Nachbarn der Baumwurzeln. Als ihre lebenslänglichen Freunde übernehmen sie wichtige Aufgaben.

Ein durchschnittlicher Pilz in unseren Wäldern verfügt über

ein Myzelgeflecht von fünfzig bis hundert Kilometern Länge. Ein einzelner großer Waldbaum verbrüdert sich mit zehn bis zwanzig solcher Pilzsippen. Da kommen pro Baum unvorstellbare 500 bis 1000 Kilometer Myzelfäden im Boden zusammen.

Wozu veranstaltet die Natur solch ein Netzgewirr unter der Erde? Pilzmyzelien leisten zwei ganz entscheidende Dienste, die allen Waldpflanzen zugutekommen. Sie können erstens Nachrichten übermitteln. Und sie können zweitens Nahrung transportieren.

Ähnlich unserem Nervensystem, das übrigens durch seine Feinheit ebenfalls unglaubliche Längen erreicht, können Pilzmyzelien durch biochemische Impulse Nachrichten, Botschaften und Informationen übermitteln. Die Millionen Kilometer Pilzfäden, die dort unten alles, was lebt, verbinden und vernetzen, bilden im Grunde das WWW des Waldes – dieses Internet gibt es also schon seit vielen Millionen Jahren.

Über das »Pilzinternet« können Bäume lebenswichtige Nachrichten an ihre Artgenossen verteilen. Wasserknappheit und Trockenheit, Überfälle von Borkenkäfern, Schäden durch eine Naturgewalt und Ähnliches kann hier mitgeteilt werden. Wer an das große Netz angeschlossen ist, der weiß Bescheid und kann sich rechtzeitig vorbereiten, ehe es ihn selber trifft. Oder er kann die nötigen Abwehrstoffe bilden, ehe die Armee der angreifenden Käfer auch sein Umfeld erreicht.

Aber sind es nur ernste Botschaften, die hier übermittelt werden? Wer weiß, vielleicht tauscht sich da auch eine alte Buchenmutter täglich mit ihrer einen halben Kilometer entfernt lebenden Tochter aus. Ein Vogel hatte seinerzeit den Samen so weit fortgetragen und versteckt, sodass die Tochter außer Reich- und Sichtweite ihrer Mutter lebt. Über das Pilzgeflecht jedoch können die beiden womöglich Kontakt halten. Reine Spekulation, aber eine schöne Vorstellung.

Für die Bäume ist das Internet also ein alter Hut. Allerdings sind sie in diesem Spiel lediglich die User, die das Netz nutzen. Die wahren Netzwerktechniker des Waldes sind die Pilze. Sie legen ihr Myzelgeflecht ausgeklügelt durch die Waldböden, und die Konstruktion dieser Leitungsbahnen wird permanent überprüft und an die Bedürfnisse angepasst. Sobald der Durchfluss an einer Stelle die Kapazitätsgrenze erreicht, werden Parallelleitungen angelegt. Was allerdings eine große Herausforderung für den Pilz ist: Baut er zu viele Sicherheitsleitungen, verbraucht er dafür unnötig viel Lebensenergie; baut er zu wenige Leitungen, dann ist der Netzbetrieb zumindest gestört. Und das bedarfsgerechte Bauen geht noch weiter: Sobald eine Strecke weniger genutzt wird, werden Rückbauten vorgenommen. Besonders spannend ist dabei, dass überflüssige Leitungen nicht weggeworfen, sondern restlos für neue Kanäle an anderen Orten wiederverwendet werden. Müll oder Abfall aus nicht mehr benötigten Anlagenteilen gibt es hier nicht. Kreislaufwirtschaft in der Welt der elektronischen Datenübertragung – wer hätte gedacht, dass wir auch hier vom Wald am meisten lernen können.

Forscher haben neuerdings sogar erkannt, dass Pilze bei dieser Anforderung der permanenten Leitungsoptimierung uns Menschen deutlich überlegen sind. Es gibt daher Forschungsprojekte, die die Algorithmen der Myzelarchitektur für menschliche Netzwerke nutzen wollen. Und es kommt noch besser: Das Pilznetzwerk kann viel mehr an gleichzeitiger Leistung anbieten als unser menschengemachtes Internet.

Pilzmyzelien transportieren neben den Nachrichten auch noch schmackhafte Nährstoffe. Das geht bei uns Menschen wirklich nicht. Wir können zwar online eine Pizza bestellen, aber diese kommt niemals aus dem Netzwerkkabel. Unsere Pizza muss immer noch vom Boten extra transportiert werden. Das Pilzsystem hingegen ist nicht nur Waldinternet, sondern es ist auch der größte Spediteur unter der Erde. Das Myzel reichert sich mit Mineralien und den Spurenelementen an, die der Baum zu seinem Wachstum braucht. Diese Stoffe sind, wie bereits erwähnt, die geheimen Hilfen des Baumes, damit er aus dem CO_2 der Luft Holzzellen, Harze, Blätter, Nadeln und all seine duftenden Öle und Inhaltsstoffe bilden kann.

Die Wurzel selbst kann nichts direkt aus dem Boden holen. Dazu benötigt sie vielmehr die Bergwerksarbeiter des Waldbodens, die Mikroorganismen. Kleinste Bodenbakterien und Viren sind es, die Molekül für Molekül aus dem Humus lösen und dem Pilz zum Transport an die Wurzelspitze übergeben. Dieses pulsierende Leben und Treiben im Waldboden ist durchaus mit dem hektischen Getriebe einer Großstadt vergleichbar.

Warum werkeln all die Mikroorganismen so emsig vor sich hin, nur damit stets genug Nährstoffe an die Wurzelspitze des Baumes gelangen? Warum tun sie sich das an? Warum schuften sie so und schaffen dieses riesige Versorgungssystem für unsere Bäume?

Die Wurzelspitze ist der Ort, an dem das Geheimnis der seltsamen Antriebskräfte von Pilzen und Mikroorganismen gelüftet wird. Sie bildet sozusagen den Marktplatz, an dem die Baustoffe für die am höchsten aufragenden Lebewesen der Erde gehandelt werden. Hier dockt der Pilz an dem Baum an, und in einer schleimigen Übergangszone zwischen hölzernen Wurzelhärchen und einhüllender Pilzsubstanz werden die wichtigen Mineralstoffe, die der Pilz heranschafft, in das Leitungssystem des Baumes eingeschleust. Und genau hier wird dafür bezahlt.

Der Baum ist klug. Er gibt dem Pilz einen Lohn, von dem dieser niemals genug haben und an den er niemals selbst gelangen kann. Der Baum gibt dem Pilz süßen Zucker. Zucker, den der Baum bei der Fotosynthese herstellt. Zucker, der für den Baum gespeicherte Energie darstellt. Wertvoller und wichtiger

Treibstoff für ihn selbst. Aber trotzdem ist der Baum so umsichtig, dass er einen Teil seiner Produktion an seine Freunde in den Boden hinunterleitet, die ihm dafür die Nahrung heranschaffen und das Netzwerk bereitstellen. Nur so gelingt es, dass der Wald wie ein großer zusammenhängender Organismus handeln kann. Als Lebewesen, dessen Teile alle gleich gut informiert sind. Nur so kann das Gemeinschaftsleben organisiert werden. Nur so können die Bäume gemeinsame Strategien entwickeln und ausführen.

Dieses Füreinandersorgen hört aber nicht an der Übergabestelle zwischen Wurzelspitze und Pilz auf. Auch der Pilz ist sich seiner Verbundenheit mit anderen bewusst. Ohne die im Humus schürfenden Mikroorganismen hätte er den Wurzeln nichts anzubieten. Der Pilz ist ja sozusagen nur die Infrastruktur und der Transporteur des Waldbodens. Die wahren Nährstoffproduzenten, die gemeinsam mit Insekten, Tieren und Pflanzen den Humus aus abgeworfenen Blättern, Nadeln und Altholz bilden und dann gezielt die jeweils benötigten Elemente herauslösen, sind die Mikroorganismen. Auch sie lieben den Zucker des Baumes über alles. Der Pilz beteiligt sie daher an seinem Lohn und überlässt einen Teil des Zuckers seinen Lieferanten. Dieses beeindruckende Beispiel liefert uns der Wald: Eine Lebensgemeinschaft, in der sich alle Teilnehmer ihrer Verbundenheit bewusst sind und die daher jedem genug für sein Dasein gibt, gedeiht am allerbesten.

Das Gehirn des Baumes

Die Wurzelspitze wird von manchen Forschern als das Gehirn des Baumes bezeichnet. Tatsächlich wissen im dunklen Erdreich nur die Wurzelspitzen ganz genau, wo oben und unten ist. Sie spüren die Gravitation und können schnurgerade auf den Erdmittelpunkt zielen. Unter der Erde gibt die Spitze der ganzen Wurzel die

Orientierung. Gravitropismus nennen Wissenschaftler diesen wunderbaren Orientierungssinn. Charles Darwin hat dazu zwei Jahre vor seinem Tod die erste Publikation veröffentlicht, gemeinsam mit seinem Sohn Francis. In seiner Theorie zum Wurzelgehirn spricht der Forscher »von der Spitze des Würzelchens, das mit einem Empfindungsvermögen ausgestattet ist … welches gleich dem Gehirn eines der niederen Thiere wirkt«. Und weiter: »Das Gehirn sitzt innerhalb des vorderen Endes des Kopfes, erhält Eindrücke von Sinnesorganen und leitet die verschiedenen Bewegungen.« Darwin hatte in seinen Versuchen beobachtet, dass Wurzeln ihre Empfindlichkeit größtenteils verlieren, wenn man die äußerste Wurzelspitze wegschneidet. Sie können dann die Schwerkraft oder Bodendichte nicht mehr erkennen. Für Darwin befand sich demnach die »Entscheidungszentrale« der Pflanze, also ihre Intelligenz, unter der Erde in den Wurzelspitzen.

Die Hypothesen Darwins stießen seinerzeit auf großen Widerspruch in der Welt der Wissenschaft. Heute wissen wir, dass die Wurzelspitzen noch viel mehr können. Sie nehmen bis zu fünfzehn (!) chemisch-physikalische Messwerte im Boden wahr. Schwerkraft, Licht, Feuchtigkeit, Druck, Salzkonzentrationen sowie der Gehalt verschiedener Stoffe wie Sauerstoff, Kohlendioxid, Stickstoff, Etyhlen, Schwermetalle und Aluminium werden nicht nur genau registriert. Die Wurzel wertet diese Messergebnisse aus und reagiert darauf entsprechend.

Schauen wir uns diese Reaktionen am Beispiel des Wassergehalts im Boden einmal genauer an. Der Feuchtigkeitsgehalt oder umgekehrt die Trockenheit wird ständig beobachtet. Wird das Wasser unter der Erde wirklich knapp, gar gefährlich knapp, leitet der ganze Baum ein Sparprogramm ein. Denn: Ohne Wasser geht im Baum gar nichts. Der Wasserstrom von der Wurzelspitze durch die Kambiumschicht zwischen Holz und Rinde bis zum letzten Blatt ganz oben ist im besten Wortsinn der Lebensstrom des Baumes. Wenn kein Wasser mehr fließt, erstarrt und stirbt er. Wie sollte die Wurzel sonst die Mineralstoffe des Bodens in die Krone transportieren? Der Wasserstrom ist es, der alle gesammelten Kostbarkeiten nach oben schwemmt. Die Wurzeln einer durchschnittlichen Buche saugen an einem Sonnentag gut 200 Liter Wasser aus dem Boden. Man stelle sich diese Menge vor, die durch so winzige Kapillarleitungen fließt! Es ist ein Rauschen und Brodeln, das an manchen Bäumen mit einem Hörrohr (wie es früher von Hebammen verwendet wurde) sogar gut zu hören ist. Ein regelrechter Fluss strömt hier Tag für Tag durch unsere Bäume; Wasser, das mit Nährstoffen angereichert bis ins letzte Blatt der Baumkrone fließt, dort seine Fracht im Chemielabor der Blattzellen abliefert und zu einem guten Teil durch die Spaltöffnungen verdunstet. Bei großen Bäumen kann diese Verdunstungsmenge bis zu 1000 Liter pro Tag betragen. Damit ist auch erklärt, warum der Schatten eines Baumes auf uns Menschen immer viel angenehmer und kühler wirkt als der Schatten eines Sonnenschirms. Der Schirm hält eben nur die heiße Strahlung fern und tut sonst nichts. Der Baum schirmt die Strahlung ab; zusätzlich erzeugt er durch die Verdampfung Verdunstungskälte und beliefert uns gleichzeitig auch noch mit Sauerstoff, mit reiner, gefilterter und duftender Waldluft. Es ist also auch kühles, von der Wurzel aufgesaugtes Bodenwasser mit ihm Spiel, wenn wir im Sommer unter einer Baumkrone rasten und Erholung finden.

Zurück zur Wurzelspitze. Sie bewährt sich als Orientierungssystem, als feine Wassersonde, als Suchorgan für Nährstoffe. Und gerade sie, die so dünn, zart und verletzlich ist, muss unaufhörlich in harte Böden vordringen. Wie soll ein einzelnes Wurzelhärchen zwischen Stein und Fels, in sauren oder alkalischen Böden, in Staunässe oder rissiger Trockenheit eindringen und vorwärtskommen? Es ist die pure Lebenskraft, die das Wurzelwerk Tag für

Tag vollbringt. Und es ist das geniale Zusammenspiel von Baum und Pilz, das so etwas ermöglicht.

Mikroskopisch gesehen besteht eine Wurzelspitze aus mehreren Zonen. Ganz vorn auf der Wurzelspitze sitzt wie bereits beschrieben eine schleimige Schutzhaube. Dieser Schleim sucht und gleitet voraus. Zwischen Erdkrümel durch, an Steinen vorbei, werden die allerfeinsten Ritzen erkundet. Bei verdichteten Böden suchen Pilz und Wurzelspitze alte Gänge vom Regenwurm oder feine Trocknungs- oder Spannungsrisse zwischen Stein und Lehm, zwischen Sand und Humus. Auch alte Wurzelgänge werden gerne verwendet. Sobald eine Ritze in der gewünschten Wuchsrichtung entdeckt ist, wird sie mit Schleim gefüllt. Hinter dieser Schleimspitze sitzt die Zellteilungszone.

Zelle um Zelle, die allerkleinste Form von fertigem Holz, wird hier erzeugt und sanft in die schleimige Ritze vorgeschoben. Es ist ein erster Wurzelfaden, der dünner nicht sein könnte und behutsam vorausgleitet. Diese in Schleim gebettete Nachgiebigkeit ist es, die schlussendlich die härtesten Böden aufbrechen wird.

Im Augenblick des Vordringens ist es noch schwer vorstellbar, welch brachiale Schwellkraft sich hier bald entwickeln wird. Ist die Wurzel jedoch erst einmal mithilfe des schleimigen Pilzes einen Schritt vorwärtsgekommen, startet sie sogleich ihr Dickenwachstum. Aus den Härchen wird eine fingerdicke Krümmung, vielleicht um einen Stein gewunden. Ein anderes sprengt bereits die erste kleine Felsritze. Später durchzieht schon ein armdicker Strang den Boden und irgendwann, oft erst nach Jahrhunderten, sind aus den filigranen Anfängen elefantenfußstarke Wurzelanläufe geworden. Mächtige, statisch ideal geformte Holzkonstruktionen, die schwerste Baumriesen abstützen und tragen. Unter kirchturmhohen Holzgestalten verschwinden sie lautlos in die Erdentiefe hinab. Ihre ganze Last am Buckel tragen sie dabei sicher und verlässlich.

Wer ist der Meister dieser Ingenieurskunst? Wer legt das Fundament für so riesige und schwere Wesen? Menschenwerk ist es sicher nicht. Würden menschliche Statiker und Bauingenieure die Last einer vierzig Meter hohen Tanne im lehmig-weichen Waldboden verankern, dann kämen wohl betonglatte Fundamentplatten und -streifen zum Einsatz, Dutzende Meter breit und ebenso tief. Ein mächtiges Gegengewicht zur oben im Wind schwankenden Baumgestalt ist es, was uns Menschen technisch dazu einfällt. In jedem Fall wäre das Fundament der Bauingenieure viel größer, schwerer und aufwendiger als die Wurzelformation der Natur.

Die Wurzeln haben zwar keine Formeln, keine Wissenschaft, keinen Stahl und keinen Beton. Aber dafür untersuchen sie unter der Erde jedes Krümelchen, jeden Stein, ob riesig groß oder winzig klein. Und letztlich wird alles umwunden, festgekrallt und miteinander steif und gleichsam auch elastisch verbunden. Anstelle des Messens und Rechnens setzen die Wurzeln das Fühlen. Das immerwährende, achtsame Wahrnehmen und Reagieren auf alle Kräfte, die von oben auf ihnen lasten. Ihr Wachstum beschleunigt sich immer dort, wo es gerade nötig ist. Je nach Zug und Druck werden entsprechend dickwandigere oder dünnere, feinere Zellen verwendet. Alles scheint wohlüberlegt, ausgewogen und perfekt an die jeweilige Aufgabe angepasst. Es gibt kein Zuviel und keine übertriebenen Sicherheiten. Und das alles ganz ohne Zentrale, ohne aufwendiges Regelwerk. Jede Zelle scheint ihre eigene Intelligenz zu haben, jede kleine Einheit weiß, was sie tun muss. Das ermöglicht die größte Wirkung mit geringstem Reibungsverlust. Im Wachstum der Wurzeln und Bäume nutzt die Natur ein einmalig effizientes Organisationsprinzip mit dezentralen Entscheidungen vor Ort, die aber immer wunderbar koordiniert sind. Wir Menschen können davon nur lernen, in der Technik wie in der Wirtschaft oder in der Verwaltung – überall könnten wir unser Leben erleichtern und verbessern, würden wir mehr von diesem uneigennützigen Organisationssystem annehmen.

Organisationen, die permanent versuchen, mehr Macht und Einfluss um ihrer selbst willen zu erlangen, schaden dem ganzen System. Die Macht der Nachgiebigkeit jedoch, die die Wurzeln praktizieren, ist wesentlich wirkungsvoller, wie wir am Beispiel eines Jahrhundertsturms sehen. Wenn die brachiale Kraft des Sturms den ganzen Baum auszureißen oder abzubrechen droht, kann das federnde Nachgeben der gewundenen Wurzeln die letzte Rettung sein, während eine kerzengerade, starre Konstruktion vom Orkan viel früher aus der Bodenverankerung gerissen werden würde.

Obwohl man mit dem Wort »perfekt« bei technischen Konstruktionen sehr sparsam und vorsichtig umgehen sollte, für die Formen der Wurzeln unserer Bäume können wir es getrost verwenden. Dabei ist die geniale Statik, die Verankerung im Boden, die Fähigkeit, dort die innigsten Verbindungen einzugehen, noch lange nicht alles, was eine Wurzel leistet.

Der Speicher der Bäume

Unten im Boden gibt es bei Weitem nicht so extreme Temperaturen und auch viel weniger Schwankungen wie oben in den Kronen. Die sengende Hitze vermag nicht tief in den Boden hinunterzudringen. Nicht einmal der Frost schafft es bis zu den untersten Wurzelspitzen. Ist das nicht der ideale Ort zum Aufbewahren aller wichtigen Schätze und Vorräte der Bäume? Ja, Wurzeln sind in der Tat die Speicher aller Bäume. Aber sie sind keine steril-toten Lagerräume mit kühler Temperatur. Umsichtig, erfahren und mit größtem Sachverstand bewerkstelligen sie ein

Nährstoff- und Wassermanagement, das jedem Kellermeister zu Ruhm und Ehre verhelfen würde.

Schatzkammern erwecken immer Begehrlichkeiten. Und Gelegenheit macht Diebe. Eingelagertes Wasser wird auch von der Umgebung begehrt, wenn es rundherum trocken wird. Solange genug da ist, kümmert sich niemand um die gesammelten Tropfen in den Wurzelzellen. Aber man möchte es gar nicht glauben, welche Saugkraft ein trockener Boden voller staubiger Erde entwickeln kann. Sobald es rundherum trocken wird, zieht und saugt alles an einer prall mit Wasser gefüllten Wurzel. Unglaublich, wie intelligent und einfach sich diese davor schützt, dass das zuvor sorgsam eingelagerte Nass vom umgebenden, ausgetrockneten Boden nicht wieder zurückgeholt werden kann. Feuchtigkeitsunterschiede zwischen zwei benachbarten Welten werden unvermeidlich in Richtung der trockeneren Umgebung ausgeglichen. Dem kann sich auch eine Wurzel nicht entziehen, wenn der Boden bei langen Trockenperioden bis tief hinunter sein Wasser verliert. Wenn es rundherum rissig und staubig wird, dann würde der natürliche Sog das Wasser von der Wurzel zurück in die trockene Erde befördern. Bevor das geschieht, greift die Wurzel jedoch zu einer besonderen List. Sie gibt ein klein wenig vom kostbaren Nass her. Gerade so viel, dass sie sich selbst rundherum zusammenziehen kann. Durch diese Schrumpfung entsteht zwischen der Wurzelwand und der äußeren trockenen Erde ein mikroskopisch kleiner Spalt. Dieser Abstand genügt, dass die Erde der Wurzel kein Wasser mehr entziehen kann. Das erste Nachgeben und der vermeintlich kampflose Rückzug schaffen eine Schutzzone, durch die das Wasser nicht mehr wandern mag. Die Wanderung der Wassermoleküle ist damit unterbrochen, der Sog gestoppt. Die auf diese Weise gerettete Feuchtigkeit ist jetzt für den Baum reserviert.

Die Wurzel kämpft demnach nicht gegen den Sog. Sie ist klüger und zieht sich zurück. Das kostet keine Kraft. Den Versuch, in der Abwehr keine eigene Kraft einzusetzen, sondern stattdessen die Aktion und Bewegung des Gegners zu nützen, kennen wir von der fernöstlichen Kampfkunst, etwa vom Judo. Es scheint, als wären die allergrößten Meister in dieser Übung unsere Bäume. Und das Ganze erinnert an die statische Konstruktion. Dort erreicht die Wurzel mit ihren Windungen Elastizität und Nachgiebigkeit, sodass sie den stärksten Stürmen widerstehen kann. Hier setzt sie abermals Nachgiebigkeit ein, um ihre wertvollen Wasservorräte zu schützen.

Trockenheit und Wassermangel gehören in vielen Regionen der Erde zu den größten Gefahren und Schwächungen für unsere Bäume. Da ist es nicht überraschend, dass es noch eine ganze Reihe weiterer bemerkenswerter Strategien und Techniken gibt, mit denen die Wurzeln und Bäume gut und unbeschädigt durch dürre Zeiten kommen.

Zuallererst überlegen sich die Bäume, wie viel von ihrem Körper der Sonne, dem Wind und der Trockenheit ausgesetzt wird, also oberirdisch ist, und wie groß der Teil ihres Körpers sein soll, der als Wurzel unterirdisch und damit unsichtbar bleibt. Je trockener eine Gegend ist, desto größer ist die Gefahr für Stamm, Blätter oder Nadeln, dass sie austrocknen. Auf der anderen Seite benötigen Bäume in einer trockeneren Gegend einen größeren Vorratskeller, also mehr Wurzelwerk. Das Verhältnis zwischen Wurzelmasse und oberirdischer Stamm- und Kronenmasse wird daher immer genau an das Klima angepasst. In Trockengebieten der Erde, wo ein möglichst großer Keller mit geschützten Wasservorräten vonnöten ist, bildet die Wurzelwelt rund fünfzig Prozent, also die Hälfte der gesamten lebenden Masse eines Baumes. In Regionen hingegen, in denen es regelmäßig ausreichend regnet, wird die Funktion der Wurzeln auf die Statik, auf die Verankerung im Boden reduziert. In den regenreichen Tropen zum

Beispiel benötigen Bäume für ihre Wurzelsysteme nur rund zwanzig Prozent der oberirdischen Biomasse. Hier sind keine aufwendigen Wasserspeicher nötig.

Auch die Steuerung, wie Bäume ihren Kellerbau, also die Größe des Wurzelsystems, an die jeweilige Wasserversorgung anpassen, ist einfacher, als man vermuten könnte. Bei Trockenheit hält der Baum das Wachstum aller oberirdischen Teile viel früher an als das Wurzelwachstum. Diese Technik des Baumes ist schon deshalb interessant, weil ein Verlangsamen oder Anhalten des Wachstums und der Zellteilung normalerweise eine Folge des Alterns ist. Hier wird Verlangsamung aber ganz bewusst für bestimmte Körperteile und Zeitabschnitte eingesetzt, um sich ein besseres Leben und Überleben zu sichern.

Je öfter es trocken ist, desto öfter also wächst die Wurzel allein weiter. Auf diese Weise verschiebt sich ganz unkompliziert das Verhältnis zwischen oberirdischer und unterirdischer Holzmasse in die gewünschte Richtung. Jede Trockenphase löst ein längeres Wurzelwachstum und damit ein größeres Wurzelsystem aus. Der Baum braucht also gar kein eigenes Steuersystem, keine zusätzliche Institution oder Regelung für den Wachstumsausgleich zwischen oben und unten. Er lässt das Wetter direkt steuern. Das ist nicht nur die beste Anpassung, es erspart ihm auch zusätzlichen Aufwand.

»Der Wald ist der Prototyp des Erfolgsprinzips Kooperation statt Konfrontation schlechthin. Hypotheken zulasten der nächsten Generation sind hier nicht bekannt. Es gibt auch keine Energieversorgungs-, Macht-, Finanz- oder sonstigen Monopole.«

Wir Menschen hätten zur Lösung des Problems wohl aufwendige EDV-Programme entwickelt, die dann Klimakarten für jeden Ort auswerfen. Anhand dieser Karten würden dann Experten die exakte Größe des Kellers berechnen und in Pläne eintragen, die nach Freigabe eines Prüfexperten der zuständigen Behörde vorgelegt werden könnten. Dort wären für jede Region fünf unabhängige Experten zuständig, die nicht nur prüfen, sondern auch ergänzende Auflagen machen würden, die dann nach Neuverhandlungen mit allen Beteiligten zu einem Baubescheid führen könnten, vorausgesetzt, es gebe keine Einsprüche. Im Fall von Einsprüchen wäre das Verfahren auf die Ebene der gerichtlich beeideten Gutachten zu verlegen usw. Bäume hingegen spüren ganz einfach, was sie brauchen, und tun das Nötige, das allen dient.

Die geschickte und unkomplizierte Form der Anpassung an das jeweilige Klima ist bewundernswert, aber noch lange nicht alles, was den Wurzeln einfällt, wenn es um die Wasserversorgung geht. Das Anlegen größerer Speicherräume für Engpässe ist eine Maßnahme, die langfristig wirkt. Zu Beginn einer drohenden Trockenheit, von der der Baum nicht exakt wissen kann, wie lange sie dauert, sind noch zwei weitere Maßnahmen sinnvoll. So beginnt der Baum oben in der Krone seine mikroskopisch kleinen Verdunstungsöffnungen in den Blättern oder Nadeln zu schließen, um den Verbrauch von Wasser unmittelbar zu reduzieren. So wie wir Menschen auch möchte der Baum aber vor einer drohenden Knappheit noch schnell hamstern und so viel Wasser wie möglich einlagern. Pflanzen haben sich dafür einen extra Saugmechanismus einfallen lassen, der es ihnen ermöglicht, bei Beginn einer Trockenheit noch rasch besonders viel Wasser aus dem Boden zu gewinnen, bevor dieser austrocknet.

Damit dieser »Turbosauger« aktiviert wird, lassen sich Blätter bei beginnender Hitze und Trockenheit zunächst gezielt austrocknen. Verrückt, möchte man meinen, sie sollten doch gerade jetzt ihr Wasser behalten. Aber durch die trockenen Blätter wird der Feuchtigkeitsunterschied zu den Wurzeln größer. Auf diese

Weise wird der Sog nach unten und weiter von den Wurzeln zur Erdumgebung deutlich erhöht. Dadurch hat die Pflanze die Möglichkeit, noch einmal besonders kräftig Wasser aus der Erde zu saugen und es dort einzulagern, wo es lange zur Verfügung steht und in kleinen Rationen abgerufen werden kann – in der Wurzel selbst. Sobald mit dieser Technik nicht mehr zusätzlich Wasser aus dem Boden geholt werden kann, weil dieser auch austrocknet, werden die Spaltöffnungen in der Krone geschlossen. Jetzt erst beginnt das erwartete Sparprogramm.

Je stärker Pflanzen übrigens diese Technik verwenden, desto dünner sind ihre Kapillarleitungen in den Stämmen. Dünnere Leitungen halten einen viel höheren Druck und Sog nach oben aus, ohne dass der Wasserfluss abreißen könnte. Ihre Konstruktion bis hin zum Durchmesser der Saftleitung wird exakt an das Klima und die nötigen Strategien angepasst.

Bei solcherart ausgetüftelten Techniken zur Anpassung an die Umwelt verwundert es nicht, dass die Formen der Wurzel ganz und gar ihrem Zweck folgen. In der scheinbaren Unordnung von Krümmungen, von schuppigen Windungen und geheimnisvollen Maserungen zu lesen – manchmal bekommen wir Menschen ja so einen Wurzelteller oder Teile einer freigelegten Wurzel zu Gesicht –, fällt denn auch viel einfacher, wenn wir einige Grundsätze der Wurzelbildung bedenken.

Die Wachstumsgeschwindigkeit, die Richtung und vor allem die Verzweigung sind das Ergebnis der Anpassung an Klima und Boden. Trifft die Baumwurzel auf eine Schicht mit vielen Nährstoffen, bildet sie sehr starke Verästelungen mit vielen Haarwurzeln aus. Sie will ja ordentlich essen können, wenn schon einmal eine unterirdische Speisekammer entdeckt wird. Bei Wassermangel drängt die Hoffnung – oder wollen wir es Orientierung des Baumes nennen? – das Wachstum in die Tiefe, wo vielleicht feuchtere Schichten warten. Analog zum oberirdischen Wettlauf der Bäume um das Licht gibt es diesen sportlichen Wettbewerb also auch unter der Erde. Es funktioniert nicht, dass ein Baum oberirdisch seinen Nachbarn davonläuft und mit seinen Wurzeln zurückbleibt. Erst wer unter der Erde seinen Halt findet und seine Quellen sichert, kann auch erfolgreich für seine Krone den Platz im Licht gewinnen.

Besonders spannend: Forscher berichten, dass Baumwurzeln die Wurzeln von Artgenossen von denen anderer Arten genau unterscheiden können. Bei der eigenen Art fällt der Wettbewerb zurückhaltender aus. Im Zweifel wachsen sie lieber dorthin, wo es noch kein Wurzelsystem derselben Baumart gibt. Auf Geschwister wird also Rücksicht genommen. Das soll jedoch nicht zu falschen Schlussfolgerungen führen. Es ist nicht so, dass alles Fremde bekämpft wird. Am Ende erkennen Bäume offenbar ganz genau die Stärke der Vielfalt, die Überlegenheit eines Mischwaldes gegenüber Monokulturen. Man könnte also sagen: Im Wald wird anfangs um die Wette gelaufen, gerungen und miteinander gekämpft. Am Ende, sobald die Positionen verteilt sind, überwiegt aber das Konzept der Kooperation.

Auch in ihren Wurzelanlagen betreiben die Bäume Arbeitsteilung. Sie wissen um verschiedene Talente und Fähigkeiten einzelner Arten und setzen diese zum Wohle aller gezielt ein. Flachwurzler wie etwa Fichten sind begnadete Sammler. Sie bilden ihre Haarwurzeln direkt an der Humusschicht des Oberbodens, der ergiebigsten Nahrungsquelle, und können somit den ersten Regen direkt unter der Oberfläche aufsaugen. Tiefwurzler hingegen können ganz unten verborgene Schätze, tiefe Wasser und Mineralstofflager erreichen. Lärchen und Eichen sind mit ihren tiefen Wurzelpfählen wahre Sturmanker für ihre Nachbarn.

Verwurzelung und Mobilität

Die Verwurzelung der Bäume, ihre vielfältige Leistung und vor allem die klugen Lösungen können wir Menschen nur bewundern. Dennoch mag es für uns Menschen eine schreckliche Vorstellung sein, nicht alle Zeit mobil zu sein. Mobilität erachten wir gerade zu Beginn des 21. Jahrhunderts als ein unverzichtbares Gut. Die Einschätzung, dass Bäume durch ihre Verwurzelung völlig unbeweglich sind, ist jedoch nur eine Halbwahrheit. Bäume können weiter reisen, als wir denken. Immerhin haben sie die Möglichkeit, ihren Samen mit dem Wind, mit dem nächsten Flusslauf oder in einem Tiermagen weit in die Ferne zu schicken. So unbeweglich ein einzelner Baum auch sein mag, so beweglich ist der Wald als Ganzes, wenn wir ihn nur lange genug beobachten.

Allein bei den letzten Eiszeiten ist der Wald immer wieder in den warmen Süden ausgewichen. Sobald die Eiszeiten vorüber waren, sind die Bäume in Tuchfühlung mit den schmelzenden Gletschermassen wieder zurück in den Norden gewandert. Bäume sind durchaus in der Lage, über ganze Kontinente zu reisen. Um das zu sehen, müssen wir nur unsere Perspektive eines kurzen Menschenlebens ablegen. Bäume, die bis zu mehreren Jahrtausenden alt werden können, sollten auch in solchen Zeitspannen betrachtet werden, um ihr Wesen zu begreifen.

In unseren Bergwäldern ist es gar nicht schwer, Lärchen und Zirben, aber auch Fichten und Tannen zu finden, die 500 Jahre und älter sind. Beim Alter werden gerade Bäume im Gebirge oft unterschätzt. Bei einem Besuch im Engadin zeigte mir kürzlich ein Freund und Geschäftspartner, der Tischlermeister Noldi Clalüna, stolz eine Partie Zirbenstämme, die er für seine Tischlerei in der Nähe von St. Moritz erworben hatte, um daraus wunderbare Massivholzmöbel, Küchen und Wandverkleidungen zu kreieren. Wir bestaunten die herrlich duftenden, feinjährigen (langsam gewachsenen) Bäume, die im Engadin Arven genannt werden.

»Noldi, weißt du eigentlich, wie alt die sind?«, fragte ich.

»Nein, ehrlich gesagt habe ich noch keine (Ringe) gezählt. Ich habe mich mehr um den Wuchs und um den Erntezeitpunkt gekümmert. Aber zwei-, dreihundert Jahre werden sie schon auf dem Buckel haben«, war seine Antwort.

Wir begannen bei einem der größten Stämme die Jahresringe zu zählen. Mit der Spitze des Taschenmessers fuhr ich Ring um Ring mit, um keinen doppelt zu zählen. Mein Freund staunte nicht schlecht, als wir vom Kern bis zum Rand mehr als 750 Jahre zusammengebracht hatten.

Diese Arve hatte dort oben auf circa 2000 Meter Höhe wirklich viel gesehen. In einer relativ warmen und freundlichen Zeit aufgewachsen, war sie bereits 250 Jahre alt, als eine markante Klimaabkühlung kam. Die Zwischeneiszeit im 15. und 16. Jahrhundert sollte den Baum arg auf die Probe stellen. Für die nächsten 200 Jahre wuchsen die Gletscher von den hohen Gipfeln immer weiter herunter und rückten immer bedrohlicher an ihren Stamm heran. Die Sommer wurden nun viel kürzer, als sie es in ihrer Jugend in den ersten 250 Jahren kennengelernt hatte, das Überleben war härter geworden. Aber sie hatte durchgehalten. Mit 450 Jahren spürte sie, wie es plötzlich wieder wärmer wurde, und mag sich dabei an ihre Jugend erinnert haben (wer bei dem Wort »erinnert« protestieren möchte, weil ein Baum kein Gedächtnis hat, der sei auf das Kapitel »Erinnerung und Erfahrung« verwiesen, wo es um dieses Thema geht). Die Arve im Engadin konnte sodann noch über 100 Jahre lang die folgende Wärmeperiode nach der kleinen Eiszeit erleben, ehe sie ein Jahrhundert lang das Einheizen durch uns Menschen zu spüren bekam.

Viele Nachkommen, junge Arven, sind inzwischen rund um

sie herum aufgewachsen. Sie selbst hat alle Funktionen ihres Lebens erfüllt und deutlich an Vitalität verloren. Die Krone war schütter geworden. Ihre eigenen Kinder wollten endlich ihren Raum einnehmen. Die Jungen werden künftig kräftig und vital für die Schutzfunktionen des Waldes sorgen. Der Förster entschied, dass bei der alten Arve nur noch der Zusammenbruch kommt und es jetzt besser ist, sie zu ernten – zur Freude des nachwachsenden Waldes, meines Freundes Noldi und der Menschen, die in einem Zirbenzimmer schlafen werden, hergestellt aus dem 750-jährigen Stamm.

Bäume gehen zwar durch ihre Verjüngung, durch ihre Samen auf Wanderschaft. Der einzelne, fest verwurzelte Stamm muss aber in jedem Fall an einem Ort ausharren. Nun erlebt unsere Menschengeneration gerade eine Klimaveränderung, die erdgeschichtlich dramatisch schnell vor sich geht. Die Erwärmung der Meere und der erdnahen Atmosphäre in den letzten 50 Jahren war fast doppelt so schnell wie alle der Wissenschaft bekannten Erwärmungsphasen der letzten 65 Millionen Jahre – eine bedrohlich rasante Veränderung.

Besonders in den Alpen ist diese drastisch zu sehen. Gletscher, die ich in meiner Jugendzeit bestiegen und bewandert habe, sind innerhalb von vier Jahrzehnten um die Hälfte abgeschmolzen. Eiswände, durch die ich als Achtzehnjähriger durchgeklettert bin, existieren heute nicht mehr. Wo ich auf 3000 bis 4000 Meter Höhe berüchtigte Eiswülste aus blankem Eis bezwungen habe, stehen heute Fels- und Geröllwände. Vier Jahrzehnte sind klimakundlich gesehen ein Augenblick und für Noldis Arve so viel wie für uns Menschen gerade einmal vier Jahre. Wäre die Temperatur im selben Maße zurückgegangen, dann hätte die Arve innerhalb kürzester Zeit zwei aufeinanderfolgende Eiszeiten erlebt.

Nun wird es wärmer. Mit allen hinlänglich beschriebenen Auswirkungen. Alle Zeichen deuten darauf hin, dass wir Menschen es aber trotzdem nicht schaffen, unser Dasein naturnäher und nachhaltiger zu organisieren. Wir veranstalten zwar Klimakonferenzen, es passiert aber wenig.

Was tun die Bäume? Schauen sie auch tatenlos zu? Sind sie unserem Treiben hilflos ausgeliefert? Sind Bäume grundsätzlich passive Wesen, die selbst nicht aktiv mitgestalten können?

Offenbar nehmen Bäume sehr genau wahr, was mit dem Klima der Erde geschieht. Offenbar reagieren sie nicht nur auf die wärmeren Temperaturen, sondern auch auf den damit verbundenen höheren CO_2-Anteil in der Luft. Die Bäume waren es ja, die über Jahrmillionen CO_2 aus der Luft genommen und in ihr Holz eingebaut haben. Dieses ist dann in vielen Fällen zu Kohle, zu Erdöl und Erdgas geworden. Die Bäume haben durch diese CO_2-Entnahme aus der Atmosphäre das Klima auf der Erde so weit beruhigt, dass sich Säugetiere und zuletzt auch der Mensch entwickeln konnten. Sie haben also das beste Rezept, um gefährlich hohe CO_2-Anteile aus der Luft zurückzuholen.

Was sich bei der Entstehung des Lebens auf Erden bewährt hat, das bleibt. So sind die Wälder dieses Planeten nicht nur die große Lunge, die Sauerstoff erzeugt und CO_2 wieder rückverwandelt. In den Wäldern ruhen die ganze Weisheit und der gesamte Erfahrungsschatz aus dem gelungenen Experiment, die Erde für Säugetiere und für uns Menschen bewohnbar zu machen. Die heute oft kontrovers geführte Debatte zum Klimawandel übersieht oft, dass es um viel mehr geht als nur um die Zahl der CO_2-Emissionen und -Konzentrationen. Im Wald wirkt alles für die Erhaltung der größtmöglichen Artenvielfalt. Der Wald ist der Prototyp des Erfolgsprinzips Kooperation statt Konfrontation schlechthin. Im Wald gibt es keinen Abfall. Vielmehr wird jedes Material im ewigen Kreislauf seiner neuen Bestimmung zugeführt. Hypotheken zulasten der nächsten Generation sind hier nicht bekannt. Im Wald gibt es keine Energieversorgungs-, Macht-, Finanz- oder sonstige Monopole. Macht wird immer so kleinteilig aufgesplittet, wie es nur geht. Entscheidungen werden stets so dezentral wie nur möglich getroffen. Der Wald denkt global und handelt lokal. Benötigte Energie kommt von der Sonne, vor Ort wird sie kleinteilig genutzt, ohne dass große Leitungen und Verteilnetze nötig wären.

Es sind also nicht nur die zweieinhalb Tonnen CO_2, die der Wald für die Produktion von jedem neuen Kubikmeter Holz aus der Luft entnimmt und die für uns Menschen so ein Segen sind. Der Wald als einziger lebensfördernder Körper tut für uns Menschen darüber hinaus noch viel mehr. Und vor allem: Er tut es einfach, anstatt lange herumzureden! Während wir Menschen auf Konferenzen viele Worte verlieren, sind die Bäume außerordentlich aktiv. Und sie sind uns damit mehr als nur ein schönes Vorbild. Sie geben uns die wirkungsvollsten Möglichkeiten an die Hand, wie wir unser modernes Leben und Wirtschaften wieder in den Einklang mit der Natur bringen können.

Bäume zeigen uns, wie wir innerhalb kürzester Zeit unsere CO_2-Emissionen um mindestens zwei Drittel reduzieren können, ohne dass ein Arbeitsplatz verloren geht und ohne dass unsere Wirtschaft Schaden nimmt. Wir müssen nur in baumähnlicher Konsequenz überall, wo es möglich ist, Holz anstelle von energieintensiven Materialien wie Kunststoff, Zement oder Stahl verwenden. Doch darüber mehr in den nächsten Kapiteln.

5
Ewiger Kreislauf

Der Humus des Waldes zeigt uns die Erfolgsrezepte der Natur

Die Humusschicht im Waldboden ist gewissermaßen der Mutterschoß des Waldes. Alles Leben findet hier seinen Beginn. Ob Baum oder Kraut und Gras, ohne feuchten, erdigen Humus kann nichts Neues keimen. Wer seine Hände in diese schwarzbraune Erdschicht gräbt, wer dabei den Duft vom abgeschlossenen Rückbau der ehemals organischen Lebensform riecht, der kann erahnen, welch unsichtbare Schöpfungskraft in diesem Material ruht.

Förster und Landwirte beurteilen die Bodengüte und die Wachstumskraft aus gutem Grund zu einem wesentlichen Grad nach dem Humusgehalt eines Standortes. Wer verwüstete und verkarstete Böden sowie bedrohte Landstriche wieder zum Aufblühen und zum üppigen Wachstum bringen will, der muss sich um nichts anderes kümmern als um das Entstehen neuer, tiefer Humusschichten, die ausreichend durchfeuchtet bleiben. Aus diesem Grund achtet jeder gute Waldbauer auf die Durchmischung seines Waldes nicht nur mit tiefwurzelnden, sturmstabilen Lärchen und Eichen. Ebenso sollten gerade auf kargen und schattigen Böden Bäume beigemischt sein, deren Laub besonders leicht und auch rasch in großer Menge zu Humus verwandelt wird. Solch ein Humusbildner ersten Ranges ist in gemäßigten Klimazonen zum Beispiel die Rotbuche. Durch diese gute Eigenschaft hat sie auch den Beinamen »Mutter der Wälder« bekommen. Dass die Humusschicht auch für alle kleinen Bodenlebewesen den wichtigsten und belebtesten Raum in der unterirdischen Welt der Wälder und Felder bietet, versteht sich schon fast von allein. Eine tiefe und ökologisch intakte Humusschicht ist für die Bodenfruchtbarkeit absolut unverzichtbar.

Im technokratischen Machbarkeitswahn der Siebziger- bis Neunzigerjahre glaubten manche Agrar- und Forstexperten, man könne die Fürsorge um dauerhaft stabile Humusschichten durch die damals neu angebotenen chemischen Kunstdünger ersetzen. Die Antwort der Natur folgte auf dem Fuß und heute wissen wir es besser. Mit Mineraldünger, landläufig Kunstdünger genannt, ist es sehr wohl möglich, kurzfristig Wachstumskraft aus dem Boden zu generieren. Aber dies beruht stets auf einer Art Ausbeutung gespeicherter Energie, die mit einer Auszehrung der Humusschicht einhergeht. Wehe, wenn die Kunstdüngergaben jahrelang ohne begleitende humusfördernde Maßnahmen oder im Übermaß erfolgen! Sobald die Bodenlebewesen zurückgehen, in der Zahl und Artenzusammensetzung abnehmen, sobald die organische Humussubstanz mehr und mehr aufgezehrt wird, bricht die Wachstumskraft jäh zusammen. In diesem Stadium kann mit verzweifelten Mehrmengen an Kunstdünger kein zusätzlicher Ertrag aus dem ausgelaugten Boden geholt werden. Die einzige Rettung besteht dann darin, wieder langsam mit der Zufuhr von gut verrottendem beziehungsweise verrottbarem organischem Material entsprechende Humusschichten aufzubauen und so auch die unverzichtbare Arbeit der Milliarden bodenbildenden Lebewesen – vom Regenwurm, den winzigen Fadenwürmern, Schnecken, Springschwänzen, all den Gliedertierchen bis hin zu den unzählbaren Mikroorganismen und Einzellern – zurückzubringen.

An diesem Beispiel können wir gut erkennen, dass die Bodenfruchtbarkeit mit viel mehr zusammenhängt als mit der alleinigen Zufuhr bestimmter Mineralstoffe. Es braucht das ständige Zurückkehren ausgedienter Lebenssubstanz, die im vielfältigen und emsigen Umwandlungsprozess unzählbarer Kleinstorganismen zur Grundlage des neuen Lebens bereitet wird. Ein solches konzertantes Zusammenspiel Abertausender Wesen kann nicht durch einfache chemische Düngergaben ersetzt werden. Jeder Boden braucht blühendes Leben, um das Wunder der laufenden Verwandlung in den ewigen Fluss zu bringen.

Bodenschichten eines Nordwaldes: Boden, Bäume und Atmosphäre werden durch ihr Zusammenwirken zu einem sich selbst organisierenden und erhaltenden Gesamtorganismus.

Die verborgenen Vorgänge im dunklen Humus legen einen weiteren Vergleich mit der menschlichen Gesellschaft nahe (einen Vergleich, der zu Beginn des Buches schon einmal gezogen wurde und ein ganz ähnliches Ergebnis erbrachte). Auch bei uns Menschen gibt es wie in jedem Lebensbereich die Etablierten, Erfolgreichen, hoch Aufragenden, zu deren Füßen oft unbemerkt die sogenannte Subkultur vor sich hin experimentiert und werkt. Aber gerade dort finden sich die Unangepassten, Schrägen und außer der Norm Kreativen. Etwa im Bereich der Kulturschaffenden kann so eine Schichtung gut beobachtet werden. Da gibt es die Hochkultur in den großen Museen, Opernhäusern, Konzertsälen, Galerien und so weiter. Daneben sitzen unzählige Künstler, die den Durchbruch nach ganz oben nicht schaffen, oft ein Leben lang im Kellerlokal auftreten, und bilden dort gemeinsam mit Gleichgesinnten gewissermaßen die Humusschicht der Kulturszene. Je pulsierender und belebter sich diese Subkultur entwickelt, desto mehr Impulse, Wachstum und Fortschritte dringen dann nach oben und bringen letztlich alle gemeinsam weiter.

Ähnliche Modelle kennen wir auch aus der Politik, der Wirtschaft, dem Sozialen und praktisch allen Bereichen des menschlichen Lebens. Man muss sich nur die großen Erfindergeschichten der Menschheit durchlesen. Die Mehrheit all dieser weltbewegenden Schritte wurde durch Außenseiter ausgelöst. In seltenen Fällen waren es die Konzernzentralen und große, etablierte Forschungsstätten, in denen die wirklich bahnbrechenden Innovationen gefunden wurden. Auch in der wirtschaftlichen Entwicklung ganzer Regionen sehen wir diese Gesetzmäßigkeit. Im stillen Rhythmus blühen ganze Regionen auf, um oft wieder in die Bedeutungslosigkeit zu versinken, wenn beispielsweise prägende Leitindustrien von der Veränderung der Zeit überholt wurden und niedergingen.

Genau dieses Geschehen des Niedergangs beinhaltet aber am Ende auch das positive Element der Humusbildung. Regionen, die leer stehende Industriehallen als Chance verstehen, hatten daher immer schon den besten Startplatz für neues Aufblühen aus dem alten Humus. Solange wir aber im Kopf die Möglichkeiten des Neubeginns verweigern, solange unser Herz nicht fühlt, welche Kraft erst dadurch entsteht, dass ein altes Modell an diesem Ort zu dieser Zeit ausgedient hat, so lange sind wir selbst das größte Hindernis für den ersten Schritt zum neuen Wachsen. Das Aufgeben von Formen und Strukturen führt immer dazu, dass sich die Lebenskräfte, die diese Formen wachsen ließen, wieder dorthin zurückziehen, wo sie herkommen: in den Humus. Dort ruhen sie und warten geduldig, bis neue Samen in ihren Schoß gelegt werden. Augenblicklich beginnt dann das neue Wunder. Aus dem scheinbaren Nichts wächst wieder ein Baum, ein ganzer Wald in all seinen technischen Meisterleistungen, in all seiner genialen Brüderlichkeit und Verbundenheit.

»Der Wald zeigt uns,
wie erfolgreich ein System wird,
wenn es seine tiefe Verbundenheit lebt und
damit alle Energien für ein gemeinsam
gutes Leben auf Erden verwendet werden.«

Es ist auch für den einzelnen Menschen wunderbar und hilfreich, zu verstehen, dass jedes Leben ein ewiges Pulsieren zwischen der Entfaltung des Körpers, der materiellen Struktur und dem Zurückziehen der Lebenskräfte in eine verborgene Welt, die Seele oder den Humus, in sich trägt. Auch jede Krankheit und jede Phase körperlicher Schwäche weisen letztlich auf diesen Rhythmus hin. So beinhaltet jedes Zurückziehen der äußeren Welt eine Stärkung und Entwicklung im Inneren.

Ein Baum, der in den Humus zurückkehrt, wieder daraus erwächst, um das Ganze zu wiederholen – wann beginnt dieses Spiel und wann endet es?

Niemand käme auf die Idee, den Humus, den Baum, das Wachsen oder das Zurückkehren als besser, wichtiger oder schöner zu bewerten im Vergleich zur nächsten Phase. Erst alle Abschnitte gemeinsam können den einen kostbaren Lebensfluss bilden. Wieso nur verwenden wir Menschen so viel Energie für unnötige Bewertungen unserer verschiedenen Entwicklungsformen und -stufen? Wieso unterteilen wir immer in Gut und Böse, besser und schlechter, schöner und hässlicher, wenn es um unsere Themen geht? Wir sprechen von rechts und links, Schwarz, Rot, Grün, Blau, Gelb und anderen politischen Färbungen; wir reden von Hochkultur und Straßen- oder Kellerkultur; wir teilen Biobauern und Konventionelle, wir haben Schulmediziner und alternative, wir sehen Leistungsträger und alle anderen, Reiche und Arme, Mächtige und Machtlose, Junge und Alte und so weiter … Sind derartige Gruppen erst einmal eingeteilt und identifiziert, dann ist es ganz leicht, die dazugehörigen Menschen in endlose Auseinandersetzungen untereinander zu verstricken. Teile und herrsche, dieses unheilvolle Machtprinzip wurde in der Menschheitsgeschichte immer schon äußerst erfolgreich angewandt. Zum Nachteil und zum großen Leid der allermeisten Menschen.

Der Wald lehrt das Gegenteil. Er zeigt uns eindrucksvoll, wie sehr Etablierte und Bodensatz voneinander abhängen. Er zeigt uns, wie erfolgreich ein System wird, wenn es seine tiefe Verbundenheit lebt und damit alle Energien für ein gemeinsam gutes Leben auf Erden verwendet werden. Sobald wir vergessen, dass alle Menschen auf Erden eine verbundene Menschheitsfamilie sind, wird es schlimm und traurig.

Es ist allerhöchste Zeit, dass wir die Illusion vom Einzelkämpfertum, diesen Irrtum vom Abgetrenntsein aufgeben. Unsere Umwelt sollten wir vielmehr als Mitwelt betrachten. Was wir außerhalb von uns Gutes tun, das tun wir auch an uns selbst. Denken wir an unsere wunderbare Verbundenheit mit dem einen Lebensfluss, wenn wir beim nächsten Waldgang den Fuß auf den weichen Waldboden und die darunterliegenden Humusschichten setzen.

6
Die Gesundheit der Bäume

Wie ihre Unverwüstlichkeit unser Leben stärkt

Die Bäume haben eine lange Reise auf unserem Planeten hinter sich. Eine viel längere als wir Menschen. Und sie haben die ganze Unbill der Klimageschichte überstanden: Stürme und andere Unwetter, Hochwasser, Waldbrände, Eiszeiten. Immer wieder aufs Neue haben sie ihre Lebensräume zurückerobert und von vorn begonnen, zäh und ausdauernd. Auch weil sie seit jeher das Geheimnis der Einfachheit leben und nur das Wesentliche verfolgen. Die Kunst, ihre Kräfte zu bündeln und für den einen wichtigen Lebenszweck einzusetzen, die beherrschen sie wie kein anderer Erdbewohner.

Sie wissen aber noch etwas ganz genau: Es gibt keinen gesunden Wald ohne Brüderlichkeit. Den unerbittlichen Wettbewerb kennen sie noch aus ihrer Jugend, als am Waldboden der Kampf um den Platz am Licht ausgefochten und dabei gnadenlos aussortiert wurde. Im Alter jedoch, in den Baumkronen angekommen, beginnen sie sich gegenseitig zu stützen. Nur gemeinsam ist das Überleben zu schaffen. So schauerlich und unbarmherzig die Naturgewalten auch sein mögen – sie haben auch ihren Anteil daran, dass in unseren Bäumen so viel Lebenskraft, so tiefe Weisheit und so vollendete Überlebensstrategien zu finden sind. Gerade die Gnadenlosigkeit der Unwetter hat aus den Bäumen bewundernswerte Teamplayer gemacht.

Auch wenn sie kooperierten, mussten die Bäume ihre Aufgaben irgendwann aufteilen. Niemand kann gleichzeitig am staubtrockenen Südhang wachsen und im morastigen Sumpf oder im stehenden Gewässer überleben. Von einer Baumart, die gelernt hat, am hohen Berghang Eisstürme und Lawinenabgänge zu überstehen, kann man nicht erwarten, dass sie über Wurzeln und Stämme verfügt, die ebenso im Auwald mit Überschwemmung und Übersandung zurechtkommen. Lange vor uns Menschen haben die Bäume also das getan, was wir heute auch tun: Sie haben sich zu Spezialisten ausgebildet. Sie teilen sich die Aufgaben und halten zusammen, wie es eben beste Freunde tun.

Das Spezialistentum der Bäume bewältigt beinahe alles, was an Herausforderungen denkbar ist. Manche biegen sich unter Lawinen, um hinterher wieder aufzustehen. Klug setzen sie weiche Nachgiebigkeit als Überlebensstrategie ein. Am Ende überstehen sie sogar die alles vernichtenden Schneemassen. Andere, wie die Eichen, tun genau das Gegenteil. Sie bauen ein regelrechtes Kraftbollwerk als Stamm und stemmen sich wuchtig gegen jeden Sturm. Die Schwächeren gedeihen dankbar in ihrem Windschatten. Erlen wiederum pumpen Sümpfe trocken. Stehendes, faulendes Wasser saugen sie auf und zaubern daraus guten Waldboden. Weiden bleiben einfach im Wasser stehen. Sie krallen sich am Ufer fest, jedes Erdklümpchen retten sie vor der grabenden Strömung. Allen anderen würden in dieser Umgebung die Wurzeln abfaulen. Es gibt aber auch die Leichten und Schnellen. Birken etwa vermögen als Pionierbaum verbrannte Erde oder abgerutschte Hänge unglaublich rasch zu besiedeln und mit ihrem schnell wachsenden Wurzelwerk den Boden vor Wind und Wasser zu schützen. Oft nur eine Baumgeneration später überlassen sie den Wohnort wieder anderen Baumarten, die Humus bilden und bewahren. Dann gibt es noch die Trockenspezialisten des mediterranen Klimaraumes. Die Bäume hier entwickeln eine Vielzahl kleiner Blätter, die mit einem dicken Wachsüberzug versehen sind. Damit beschatten sie auch den Boden und schützen ihn vor dem Austrocknen. Bestimmte Bäume haben sogar gelernt, Atomkatastrophen zu überstehen. Der Ginkgobaum zum Beispiel wächst in höchst verstrahlten Gebieten unbeirrt und offensichtlich kerngesund weiter, sodass man sich fragt, welch urige Lebenskraft da in unseren Bäumen wirkt.

Eines zeigen uns all diese erstaunlichen Fähigkeiten von Bäumen jedenfalls ganz deutlich. Bei all den Klimaveränderungen und -gefährdungen sind sie am Ende viel robuster, viel anpassungsfähiger, viel stärker als wir Menschen. Bevor der Wald als Ganzes den Planeten verlassen wird, werden wir Menschen gehen. Wenn wir also darauf achten, dass wir die Welt lebenswert erhalten und in diesem Zustand auch an unsere Kinder und Enkelkinder übergeben, dann dienen die Bäume uns auf diesem Weg als entscheidende Begleiter und Ratgeber. Ihr Lebensmodell mit einer Vernetzung aller Lebewesen, mit einem ökologischen Gleichgewicht zwischen allen Bewohnern, mit einer genialen abfallfreien Kreislaufwirtschaft sowie mit vollendeten Rezepturen zur Gesunderhaltung organischer Zellen ist gleichsam ein zukunftsfähiges Gesellschaftsmodell für uns Menschen.

Wie können wir Menschen die Unverwüstlichkeit der Bäume für uns nutzen? Um das herauszufinden, müssen wir zunächst auf die Ernährung und das Wachsen des Baumes schauen. Beginnen wir hierfür bei der Geburt eines kleinen Bäumchens.

Luftnahrung

Im Frühling, sobald die Sonne den Humus durchwärmt, beginnt das Wasser der Schneeschmelze den Boden zu durchfeuchten. Alle feinen Hohlräume zwischen mikroskopisch kleinen Tonplättchen und Humuskrümeln sind bald ordentlich durchnässt.

Die hinzukommende Energie der Sonnenstrahlen, die Wärme, die der Boden aus den Strahlen aufsaugt, bringt den idealen Zeitpunkt, auf den das Samenkorn gewartet hat. Feuchte, Wärme, Frühjahrslicht – der magische Augenblick ist gekommen und ein zarter Keimling schiebt sein erstes Blatt aus dem Boden heraus.

Was tut ein neugeborener Baum als Allererstes? Womit beginnt ein Baum sein Leben? Wir kennen den ersten Atemzug eines Babys. Mit ganzer Kraft, so tief es kann, saugt es sich in diese Lufthülle hinein, die es als neugeborenen Menschen nun umgeben wird. Der Baum macht genau das Gleiche. Wie ein Mensch beginnt er zu atmen. Tief Luft holen, einatmen, um gleich wieder auszuatmen. Ein rhythmisches Hin-und-her-Fließen. Der Takt des Lebens, ein Geben und Nehmen im schwingenden, immer gleichen Zeitmaß.

Solange er lebt, wird der Baum nun ein- und ausatmen. Sobald er damit aufhört, stirbt er. Unser Leben lang verbindet die Atemluft uns Menschen mit den Bäumen. Was wir einatmen, das haben die Bäume vorher ausgeatmet. Wir Menschen nehmen den Sauerstoff aus der Luft, um Energie zu gewinnen. Wir »verbrennen« in unserem Inneren die Nahrung. Dabei wird Sauerstoff in CO_2 verwandelt und ausgeatmet. Die Natur hat hier ein geniales Gleichgewicht zwischen Menschen und Tieren auf der einen Seite und Bäumen und Pflanzen auf der anderen Seite eingerichtet. Die einen atmen Sauerstoff ein und CO_2 aus. Die anderen tun das Gegenteil und schließen so den Kreis. Es ist ein Stoffkreislauf, der ein friedliches gemeinsames Leben der Beteiligten sicherstellt. Doch wir Menschen zerstören diese Harmonie gerade mit großer Konsequenz. Durch die verschwenderische Verbrennung von fossilen Energien blasen wir viel zu viel CO_2 in die Luft und bringen dadurch ein wichtiges Gleichgewicht aus dem Lot.

Viele Menschen lernen, dass Pflanzen ihre Nährstoffe aus dem Boden beziehen, und glauben daher, ein Baum, das Holz, wächst aus der Substanz des Bodens heraus. Dabei kommen aus dem Boden nur ganz wenige Spurenelemente und Mineralstoffe. Konkret bestehen nur 0,5 bis 0,7 Prozent der Holzsubstanz aus Inhaltsstoffen, die aus dem Boden kommen. Mehr als 99 Prozent, beinahe die ganze Materie, das ganze Holz unserer Bäume, besteht aus Kohlenstoff und Wasserstoff.

Aus nichts als Luft, Wasser und einer kleinen Brise Bodeninformation baut die Natur vor unseren Augen die ganze Fülle und Vielfalt der Wälder. Würden wir Menschen tagtäglich so unvorstellbar viel organische Masse erzeugen müssen wie die Natur, hätten wir sofort gleichförmige Industrieprodukte im Kopf. Hier aber gleicht kein einziger Baum dem anderen. Welches Kreativbüro kann solch eine Designarbeit leisten? Ganz gleich, ob wir es mit Natur oder Schöpfung benennen, mit Evolution, Zufall oder Gott – es ist für uns Menschen ohnehin nicht mit Logik zu erklären, welches Wunder sich hier vollzieht. Naturwissenschaftlich betrachtet bleiben die stofflichen Zutaten jedoch immer dieselben. Tausende Kombinationen der Kohlenwasserstoffverbindungen bilden mit den Mineralstoffen des Bodens Stämme und Blätter, Äste, Rinde und Wurzeln. Der Baum baut aus der Grundsubstanz seine Zellen. Daraus wiederum entstehen seine Organe und eben seine ganze Gestalt.

Was aus der Luft gebaut wird, das kann am Ende wieder dorthin zurückkehren. Wir erleben das, wenn wir ein Stück Holz verbrennen. Die gespeicherte Sonnenenergie wärmt uns als Verbrennungshitze das Haus. Im Ofen bleibt nur Asche. Ein Teil davon ist noch nicht vollständig verbrannter Kohlenstoff. Den anderen Teil bilden die Spurenelemente, die der Baum dem Boden entnommen hat. Im Urwald bleibt ein umgestürzter Baum einfach liegen. Da geschieht viel langsamer dasselbe wie bei der Verbrennung. Das Holz vermodert und löst sich dabei in seine Einzelteile auf. Der Kohlenstoff gelangt wieder als CO_2 an die Luft und die Spurenelemente gehen in den Boden zurück. Wasserstoff wird wieder zu Wasser und fließt weg. Alle Materie, die der Wald bildet, bleibt in diesem ewigen Kreislauf, ohne Abfallprodukte zu hinterlassen.

Spannend wird es, wenn wir uns im Vergleich dazu den Aufbau unserer menschlichen Körperzellen anschauen. Unser Körper besteht ebenfalls aus organischer Substanz, aus der sogenannten Kohlenwasserstoffchemie. Auch wenn wir keine Kohlenstoffatome aus der Atemluft abspalten können, so kommen die Bauteile unseres Körpers, wie beim Baum, zum größten Teil aus der Luft. Wir holen uns diese über den Umweg der Ernährung. Wir essen Obst und Gemüse oder Fleisch, das wiederum durch die Pflanzenaufnahme gewachsen ist. Kohlenstoff und Wasserstoff in unserem Körper kommen also aus exakt derselben Quelle wie die Bauteile eines Baumes.

Kurzum, die Grundbausteine unserer menschlichen Körperzellen sind mit denen eines Baumes identisch. Letztendlich ist es die Form der Zusammensetzung, wenn man so will, der Bauplan, der entscheidet, was am Ende dabei herauskommt. Wie sonst könnte aus der stets gleichen Ausgangsmaterie all die Vielfalt herauswachsen? Können wir diese Idee, nach der unser Körper gebaut ist, beeinflussen? Gibt es einen Weg, um das Geheimnis von Gesundheit und langer Zellfunktion in uns zu lüften?

Bei so viel chemischer Gemeinsamkeit, ja Gleichheit auf kleinster »Bauteilebene« stellt sich eine spannende Frage: Warum werden Bäume älter als wir Menschen? Bäume sind, wie wir Menschen auch, vergänglich. Sie altern und irgendwann verlieren ihre Zellen die Funktionsfähigkeit. Was Altern heißt, das kennen wir gut. Ein Blick auf ein Bild unserer Kindheit und daneben ein Spiegel, der unser Antlitz heute zeigt, genügt, um das Phänomen des Alterns zu erkennen.

Menschen können unter glücklichen Umständen hundert Jahre alt werden. Dann ist jedoch Schluss. Unsere Organe, unsere Zellen verlieren nach dieser Zeit endgültig ihre Funktionsfähigkeit. Wie lange schaffen es Bäume, am Leben zu bleiben? Immerhin sind ihre Zellen ja aus derselben Grundsubstanz hergestellt.

Als ich zum ersten Mal Olivenbäume gesehen habe, deren Alter auf über 2000 Jahre bestimmt wurde, war ich schwer beeindruckt. Vor 2000 Jahren lebte Jesus Christus. Für uns Menschen erscheint das so weit zurück, dass ein direkter Bezug aus diesen Tagen nicht mehr gegeben scheint. Dann steht man plötzlich vor einem Baum, der damals auch schon existierte und heute zwar knorrig dasteht, aber immer noch frische Blätter austreibt. Später habe ich Kiefern am Rand eines nordamerikanischen Wüstengebietes kennengelernt, deren Alter von der Wissenschaft mit rund 5000 Jahren angegeben wird. Die ältesten der Wissenschaft bekannten Bäume sind 9600 Jahre alte Fichten in Nordschweden – wie macht das die Natur?

An dieser Stelle ist es noch interessant zu wissen, dass Nadelbäume entwicklungsgeschichtlich wesentlich älter als Laubbäume sind. Laubbäume gibt es seit rund 60 Millionen Jahren, Nadelbäume seit gut 300 Millionen Jahren. Die Entwicklungszeit und somit ihr Erfahrungsschatz ist hier also viel länger.

Ein Herzenswunsch

Wir Menschen haben die bestmögliche medizinische Versorgung entwickelt. Wir verfügen über modernste Gesundheitssysteme und müssen trotzdem zusehen, wie unsere organischen Zellen nach längstens hundert Jahren am Ende sind (im Durchschnitt ist unsere Lebenserwartung bekanntlich noch kürzer). Die Bäume hingegen haben all das nicht: kein Krankenhaus, keine Versicherung, keine Rettungshubschrauber. Sie stehen verwurzelt im Wald und können nicht einmal weglaufen, wenn es hagelt oder der Blitz einschlägt. Sie harren in bitterkalten Frostnächten aus, erleben Orkanstürme und Dürre. Trotzdem schaffen sie es, dass ihre Zellen aus den gleichen Bausteinen bis zu hundertmal länger funktionsfähig bleiben als die unseren. Woher kommt diese unverwüstliche Gesundheit?

Diese Frage hat mich ein halbes Leben lang begleitet, ohne dass es mir möglich war, einen seriösen, wissenschaftlichen Hinweis zur Lösung des Geheimnisses zu finden. Immerhin arbeitete ich in der Holzforschung, wenngleich es in unseren Forschungsprojekten immer um bautechnische Themen ging. Brandschutz, Schallschutz, Statik, dämmstofffreie Häuser, die sich durch ihre Holzhülle selbst wärmen und kühlen – die nächste Generation nach den techniküberladenen Passivhäusern.

Die Bäume sind beim Bauen und Wohnen, technisch gesehen, der allerbeste Begleiter. Ihr Holz beinhaltet die Weisheit der Natur; es wurde über Jahrmillionen so entwickelt, dass es für alle gut ist. In der Rückschau ist das wohl der wichtigste Grund dafür, dass es uns gelungen ist, unsere technischen Träume zu verwirklichen. Doch die Frage, wieso Bäume ihre Zellstruktur so unglaublich lange gesund und funktionsfähig erhalten können, die konnte ich immer noch nicht schlüssig beantworten. Überhaupt bin ich trotz verschiedenster Überlegungen und Versuchen immer wieder daran gescheitert, den vermuteten guten Einfluss von Holz und Bäumen auf unsere Gesundheit nachzuweisen.

Ich hatte mich bereits damit abgefunden. Alle Träume kann man in einem Leben nicht erreichen, so oder so ähnlich versuchte ich mich selbst zu beruhigen. Doch der Wunsch, diesem Geheimnis der Bäume auf die Spur zu kommen, blieb weiter in meinem Herzen bestehen.

Echte Wünsche sind etwas anderes als kurze Schwärmereien, die kommen und gehen. Echte Wünsche können ein Leben lang im Herzen brennen, und dieses Brennen gehört zu den stärksten Umsetzungskräften, die ein Mensch entwickeln kann. So bin ich heute wenig verwundert, wenn ich an den Zufall denke, der nach einem Vierteljahrhundert die Regie übernahm. Ein österreichisches Ministerium hatte ein Symposium zum Thema nachwachsende Ressourcen und Gesundheit ausgeschrieben, und ich war neben einem Dutzend anderer Referenten als Vortragender eingeladen. Unter diesen Referenten lernte ich einen Professor der Medizinischen Universität Graz kennen. Beim gemeinsamen Mittagessen fragte ich ihn beiläufig, was er hier mache, und bekam eine erstaunliche Antwort.

Vor mehreren Jahren hatte er mit einem Forschungsteam medizinische Messtechnik für die Weltraumstation MIR entwickelt. Bei den Tests an den Astronauten fiel die besondere Wirkung von Holz auf den menschlichen Organismus auf. Materialien, die den Körper irritieren, ausgasende Störstoffe, sollten damals ausgeschlossen werden.

Staunend sagte ich, dass ich mir nicht vorstellen könne, wie man fehlerfrei feststellen kann, ob etwa Holzgehäuse an Sensoren und Apparaten tatsächlich verträglicher sind als solche aus Plastik.

Der Professor klärte mich auf, dass genau darin ein Grund liegt, warum er als Wissenschaftler für das Programm ausgewählt wurde. Die Grazer Wissenschaftler hatten zuvor Verfahren entwickelt, die die Wirkung von verschiedenen Materialien auf den menschlichen Körper darstellen können.

Mir fiel beinahe der Löffel aus der Hand. Völlig unerwartet sitzt mir ein freundlicher Professor aus der medizinischen Spitzenforschung gegenüber und erklärt lächelnd, dass er ganz genau messen und darstellen kann, was ein Material, also auch Holz, mit unserem Organismus macht. Eine Zusammenarbeit und, ja, auch eine Freundschaft mit Professor Maximilian Moser hatte damit begonnen, und inzwischen sind seine Forschungen zur »Holzgeschichte« geworden.

Bei seinem ersten Großversuch ließ er Testpersonen zuerst in einem Zimmer schlafen, in dem die Wände, Decken und Möbel aus reinem Zirbenholz gebaut waren. Zum Vergleich wurden die Versuchspersonen im eigenen Bett zu Hause sowie in einem identischen Zimmer aus aufgeklebtem Holzdekor und Spanplatten (Laminate) untersucht und vermessen.

Das Ergebnis war so überraschend, dass darüber sogar in der Boulevardpresse und in internationalen Medien berichtet wurde. Im Holzzimmer ersparten sich die Testpersonen in jeder Nacht die Herzarbeit von einer ganzen Stunde. Das sind 3500 bis 3700 Pulsschläge. Der Schlaf wurde entspannter und ruhiger, das Nervensystem entlastet. »Österreichische Forscher haben einen Baum entdeckt, der unser Herz ruhiger schlagen und uns Menschen länger leben lässt.« So lautete sinngemäß der Tenor in den Medien.

Niemand hatte so eine tiefgreifende, schulmedizinisch nachweisbare Wirkung von reinem Holz erwartet. Zunächst glaubte man, dafür könne nur die Zirbe verantwortlich sein, und das unverwechselbar duftende Holz des Baumes erlebte einen noch nie da gewesenen Boom. Viele Menschen vermuteten damals, dass allein die ätherischen Öle der Zirbe diese großartige Wirkung auslösen. Doch das sollte sich als Irrtum herausstellen.

Später wurden dieselben Versuche mit Fichtenholz unternommen. Die Überraschung war groß. Im Vergleich zur Zirbe gab es nur geringe Abweichungen. Auch das Fichtenholz und zumindest das Holz anderer Nadelbäume beruhigen unseren Herzschlag, lassen uns besser schlafen und ausruhen und stärken unser Immunsystem und unsere Gesundheit. Der Wirkstoff für die »Jungbrunnenwirkung« der Bäume war also nicht im Duftstoff zu suchen, sondern in einer Eigenschaft, die wohl alle Nadelhölzer haben. Lag sie in den Harzen begründet? Oder ist es womöglich eine Kombination aus mehreren Sinneseinwirkungen und Botschaften, die unser Organismus vom Holz empfängt?

Der dritte Großversuch der Grazer Forscher wurde in einer Schule durchgeführt. Dort wurde ein Klassenzimmer ganz aus Holz gebaut, während ein anderer Raum wie üblich mit weißen Wänden, Gipsplatten, Spanplattenmöbeln und den üblichen Klebstoffen und Chemikalien ausstaffiert wurde. Das Ergebnis nach zweijähriger wissenschaftlicher Beobachtung und Vermessung der Kinder war abermals geradezu umwerfend: Die Kinder in der Holzklasse ersparten sich täglich zwei Stunden Herzarbeit! Sie waren ruhiger, belastbarer und hatten am Ende des Schuljahres signifikant bessere Körperwerte, während die Mitschüler im konventionellen Schulbau im wahrsten Sinn des Wortes erschöpft waren.

Damit lagen wissenschaftlich eindeutige und bis dato unwiderlegte Studien vor, die die positive Wirkung von Holz auf unseren Organismus bestätigten. Bei den Bäumen findet der Mensch seine natürliche Energietankstelle. Unser Organismus entspannt und erholt sich im Holzhaus wie sonst nirgends. Entspannter Pulsschlag, tieferer Schlaf sowie ein vitaleres vegetatives Nervensystem – die Ruhe stärkt und heilt uns. Lauter Geschenke, die noch nie so wichtig waren wie in dieser schnelllebigen, reizüberfluteten Welt. Im Grunde ließen die Studien nur eine einzige Frage offen: Wieso bauen wir nicht endlich alle Schulen, Krankenhäuser, Büros und vor allem unsere Schlafzimmer aus Holz? Warum gönnt sich nicht jeder Mensch eine hölzerne Oase als Gesund- und Jungbrunnen?

Für mich persönlich waren die Arbeiten von Professor Moser außerordentlich berührend. Damit hatte ich ja nun wirklich nicht gerechnet: Ausgerechnet ein Spitzenforscher der Schulmedizin begann das Geheimnis von Holz und Gesundheit zu lüften. Als mein damaliger Verleger von der Freundschaft mit Maximilian Moser erfuhr, regte er gleich ein gemeinsames Buch zum Thema Holz und Gesundheit an. Als Moser schließlich zusagte, hatte ich nur eine Bedingung für eine Publikation: Ich bat darum, dass alle meine Fragen zum Thema Holz und Gesundheit, die sich über die Jahre angesammelt hatten, durch die Universität in Person des Professors wissenschaftlich erklärt werden, seien sie auch noch so banal oder laienhaft. Das wurde mir zugesagt, und es war für mich eine wahre Sternstunde.

Meine erste Frage betraf die ominöse Pechsalbe. Diese wird aus dem Harz der Nadelbäume gewonnen und fand früher auf dem Land breite Verwendung. Meine Frau hatte das Rezept dafür von ihren Großeltern bekommen.

»Der Wald wird zur Universität für die Menschen. Jeder kann sich dort einschreiben, es wird keine Vorprüfung erhoben, kein Numerus clausus. Wir müssen nur mit offenen Herzen schauen, und die Entdeckungen, die der Wald für uns bereithält, werden uns in kurzer Zeit mehr beibringen, als es sonst wie möglich ist.«

In meiner Kindheit gab es einen benachbarten Bergbauernhof, auf dem immer noch alle Arbeit mit Pferden verrichtet wurde. Wir Buben mussten oft bei der Arbeit aushelfen, und so war mir der Umgang mit Pferden von klein auf vertraut. Auch heute noch stehen in unserem eigenen kleinen Stall neben Schafen und Hühnern immer zwei, drei Pferde. Und wie früher steht dort die Dose mit der Pechsalbe. Wenn sich Pferde speziell an den Füßen verletzen oder aufreißen, ist das sehr ernst zu nehmen. Infektionen sind hier besonders gefährlich und können ein geliebtes Pferd rasch dahinraffen.

Nun habe ich in den vergangenen Jahrzehnten schon einige Verletzungen bei Pferden gesehen. Aber ganz gleich, um welche Verletzung es sich handelte, immer konnte mit der Salbe aus dem Hauptbestandteil Lärchenharz alles ausgeheilt werden. Und auch wenn die rostigen Blechbüchsen und sonstigen verunreinigten Behältnisse, die dafür verwendet wurden, recht unhygienisch waren, der Heilwirkung tat dies seltsamerweise keinen Abbruch.

Und die Salbe wirkte nicht nur bei den Tieren. Das eindrücklichste Erlebnis lieferte mir der Großvater meiner Frau. Damals schon weit über achtzig Jahre alt, werkelte er immer noch regelmäßig in der selbst eingerichteten Werkstatt im Keller seines Hauses. An einem Samstagnachmittag saß die Familie wie üblich zum Kaffee bei der Großmutter und genoss ihren köstlichen Kuchen, als es passierte: Der Großvater rutschte mit einer Hand in die Abrichthobelmaschine und fräste sich den ganzen Daumenballen weg. Mit der erhobenen, schwer verletzten Hand erschien er in der Küchentür. Er zitterte und das Blut spritzte, sodass sein weißes Haar rot gesprenkelt war. Scheinbar gelassen sagte er, in der Tür stehend: »Mutter, jetzt brauch ich ein Pflaster!« Alle am Tisch waren total schockiert. »Um Himmels willen, Opa, du brauchst kein Pflaster, du brauchst einen Notarzt. Das muss zugenäht werden!« Es ging durcheinander, doch der Opa behielt die Ruhe. »Nein, nein, ihr braucht keinen Krankenwagen zu holen, weil ich ja ohnehin nicht einsteige!« In der allgemeinen Aufregung erschien die Großmutter mit der angerosteten Blechbüchse, in der sich ihre Lärchensalbe befand. Mein Gott, mir stockte der Atem. Die wird doch nicht … der Opa ist doch kein Pferd, Blutvergiftung, Sepsis – alles Mögliche schoss mir durch den Kopf und schon schmierte die Großmutter die selbst gemachte, nach Harz und Wald duftende Salbe auf die verletzte Hand. Darüber kam ein Baumwolltuch, genauer gesagt eine ausgediente Stoffwindel, die gewaschen im Wäscheschrank lagerte. Drübergelegt, zusammengebunden, und die Wundversorgung war erledigt. Jetzt konnte der Großvater seinen Kaffee trinken, was er auch tat. Ich war fassungslos.

Am Abend debattierte ich mit meiner Frau darüber, was für ein Schauspiel die beiden alten Leute da mit großer Selbstverständlichkeit und Urvertrauen in die selbst gerührte Salbe abgeliefert hatten. Das Risiko, solch eine Wunde ohne Arzt selbst zu versorgen, erschien mir unverantwortlich hoch. Noch dazu in diesem Alter.

Zwei Wochen später war ich wieder dabei, als der Verband abgenommen wurde. Bis dahin war niemand auf die Idee gekommen, die Wunde zu kontrollieren; verbunden war sie immer noch mit derselben, ehemals weißen Windel. Freilich hatte sich der Opa nur ein paar Tage ruhig verhalten, um dann da und dort wieder eine Kleinigkeit »zusammenzuräumen«. Als das Tuch abgenommen wurde, kam eine vollkommen verheilte Wunde zum Vorschein. Wo vor zwei Wochen noch Blut zu sehen war, war jetzt zarte, frische Haut. Man konnte nicht die geringste Spur einer Entzündung sehen. Ich verstand die Welt nicht mehr. Für die beiden Großeltern aber war das selbstverständlich. Die Lärchensalbe half immer. Das war ihre Lebenserfahrung.

Wen wundert es also, dass ich mit meiner ersten Frage an meinen Mitautor die Pechsalbe hinterfragen wollte. Handelte es sich um Glücksfälle, waren die Leute früher einfach unempfindlicher?

Die Antwort des Wissenschaftlers klärte vieles: Das Harz unserer Nadelbäume ist in seiner Zusammensetzung eine äußerst komplexe Mixtur. Man kann derzeit Hunderte zusammengesetzte Verbindungen und Einzelsubstanzen darin analysieren. Der Baum mischt hier ein ganz fein abgestimmtes Konzert aus unüberschaubar vielen Wirkstoffen. So fein und so diffizil, dass es praktisch unmöglich ist, das Ganze in einem Labor wirtschaftlich nachzubauen. Und die Wirkung dieser Anstrengung, die der Baum unternimmt, hat es in sich. Lärchen-, Fichten- sowie Kiefern- und auch Zirbenharz sind in allerhöchstem Maße antibakteriell, antiviral und fungizid wirksam. Mit anderen Worten: Bakterien, Viren und Pilzsporen werden von diesen Harzen gnadenlos abgetötet.

Harze sind die Schutztruppe, die persönlichen »Bodyguards« jeder Holzzelle im Baum. 500 Millionen Jahre hatte die Natur Zeit, um mit dem Verfahren von Versuch und Irrtum dieses geniale Rezept herauszufinden, das Krankheitserreger am allerbesten von lebenden organischen Zellen fernhält. Alle uralten Bäume legen Zeugnis ab für die Wirksamkeit dieser Baumsubstanz.

Der Wald ist ja übervoll mit Mikroorganismen, die Holzzellen abbauen wollen. Diese versuchen, wo es nur geht, die Bäume wieder zu Humus und am Ende zu CO_2 zurückzuverwandeln. Jede Rindenverletzung öffnet Tür und Tor für solche holzabbauende Lebewesen. Die Bäume haben es aber geschafft, die lebensfreundlichste, nebenwirkungsfreie Schutzsubstanz für organische Zellen zu bilden. Insbesondere im Nadelbaumharz ist die ganze Heilintelligenz des Waldes enthalten. Das Pechsalbenrezept unserer Großeltern enthält diese Weisheit der Bäume und macht sie für Mensch und Tier nutzbar.

Was die Antwort von Maximilian Moser auch noch klärte, war, warum die mangelnde Hygiene all der verschmutzten, im Stall aufbewahrten Dosen und Büchsen keinen Schaden bei der Salbe anrichten konnte. Die Substanz Harz tötet so radikal Bakterien ab, dass Verunreinigungen keine Chance haben, in die Salbe einzudringen. Inzwischen bewahren wir unsere kostbare Pechsalbe trotzdem in sauberen Gläsern mit Schraubverschluss auf.

Im Gespräch mit dem Wissenschaftler tauchte dann noch eine weitere Frage auf: Wenn die Pechsalbe, das Baumharz, so unglaublich wundheilend ist, wenn es speziell alte, schwierige

Pechsalbenrezept

Ein gängiges Hausrezept zur Pechsalbenherstellung, das auch in unserer Familie verwendet wird. Können die erforderlichen Rohstoffe wie das Lärchenpech nicht selbst gewonnen werden, besteht die Möglichkeit, diese im Fachhandel käuflich zu erwerben. Weitere Bezugsquellen finden Sie unter www.thoma.at.

Zutaten

- 200 g Olivenöl
- 40 g Bienenwachs, möglichst vom Bio-Imker (Wachs aus konventioneller Imkerei kann bis zu 40 Prozent synthetisches Wachs enthalten)
- 60 g Lärchen- und Fichtenharz (ungefähr zwei Drittel Lärchen- und ein Drittel Fichtenharz)

Beim Pech wird am besten eine Mischung aus altem, an Baumwunden ausgetretenem und angetrocknetem Pech und neuem, noch flüssigem Pech verwendet.

Zubereitung

Das Olivenöl erwärmen (gut lauwarm) und das Baumharz dann im Öl schmelzen. Rindenreste in diesem Zustand absieben. Nun das Bienenwachs dazumischen, das Ganze in Gläser abfüllen und auskühlen lassen.
Eine häufig angewendete Herstellungsvariante besteht darin, das Pech direkt im Öl zu erwärmen und zu schmelzen. Verunreinigungen setzen sich hier bereits zu einem guten Teil am Boden ab. Danach wird das Ganze gesiebt und das Bienenwachs eingerührt.

Wirkung der Salbe

- entzündungshemmend
- zusammenziehend
- antimikrobiell (gegen Bakterien, Viren und Pilze)

Anwendung

Kann als Wundversorgung auf Wunden aufgetragen werden, bei kleineren Hautirritationen, bei kalten Füßen, bei Entzündungen (Gelenkentzündungen). Für besondere Anwendungen werden vorher Heilkräuter (z. B. Johanniskraut, Schafgarbe, Ringelblume, Kamille, Rosenblätter etc.) im Olivenöl angesetzt, das heißt, die Kräuter bleiben über einen längeren Zeitraum – meist in der Sonne – stehen.

Achtung

Die Anwendung dieser Salbe sollte mit dem Hausarzt oder fachkundigen Personen abgestimmt werden.

Wunden so gut heilen kann, in bestimmten Fällen sogar besser als manches herkömmliche Präparat, warum gibt es sie dann nicht in jeder Arztpraxis, in jedem Krankenhaus? Zumindest ergänzend zu vorhandenen Therapien wäre das ja höchst sinnvoll.

Es klingt widersprüchlich, aber das Geschäftsmodell der Pharmaindustrie baut darauf auf, Wirkstoffe zu erkennen, zu identifizieren, um sie danach synthetisch in großen Mengen nach patentierten Rezepten herzustellen. Genau das geht beim Baumharz nicht. Dementsprechend gibt es keine Pharmalobby für Baumharzanwendungen. Die Pechsalbe bleibt ein nicht patentierbares Geschenk der Natur an die Menschen. Kopieren können wir das Rezept also nicht. Aber wir können es bewahren und weitergeben. Schließlich ist jeder in der Lage, die Salbe herzustellen.

Als ich einige Zeit später bei einem Vortrag von meinem Großvater, von der Pechsalbe und den Forschungen von Professor Moser erzählte, erhob sich ein Mann im voll gefüllten Saal und sagte mit lauter Stimme: »Dazu möchte ich etwas sagen!« Üblicherweise gibt es Fragen und Antworten immer erst am Ende des Vortrags. Ich bat ihn aber trotzdem um seinen Beitrag. Er begann mit den Worten: »Ich bin Chirurg!« Durch meinen Kopf schoss der Gedanke: Oje, jetzt kommt diese sinnlose Debatte Schulmedizin gegen Naturheilkunde! Doch es kam anders. Er fuhr fort: »Ich operiere täglich mehrere Patienten und verfolge deren Heilung in meinem Krankenhaus. Circa neunzig Prozent meiner Patienten weisen bei Anwendung der üblichen Medikamente einen zufriedenstellenden, ihren Umständen entsprechenden Wundheilungsverlauf auf. Doch bei rund zehn Prozent haben wir mehr oder weniger große Probleme mit der Heilung. Sie werden vielleicht staunen, aber in diesen Fällen wende ich seit Längerem die von Ihnen geschilderte Pechsalbe an. Das Rezept habe ich aus Ihrem Buch *Die sanfte Medizin der Bäume.* Bei all diesen Patienten beobachte ich dann eine Heilung oder zumindest eine deutliche

Verbesserung. Ich kann die geschilderte Wirkung des von mir angewandten Lärchenharzes in der Salbe nur bestätigen!« Die Leute im Saal begannen spontan zu applaudieren.

Natürlich freute ich mich über diese kompetente Bestätigung meiner Ausführungen. Aber ein anderer Gesichtspunkt freute mich noch viel mehr. Wenn wir Menschen so großartige Geschenke der Natur wie diese Salbe entdecken, dann scheint das oft ein Gegenentwurf zur vorhandenen Schulmedizin zu sein. Viele Jahre wurde viel Energie auf die Auseinandersetzung zwischen Schulmedizin und Naturheilkunde verschwendet. Dabei ist ein Miteinander viel sinnvoller und besser. Mittel wie die Pechsalbe können ärztliche Therapien wunderbar ergänzen. Der Chirurg hat mit seinem Beispiel eindrucksvoll gezeigt, dass es auf die sinnvolle Kombination ankommt. So kostbare Geschenke der Natur gehören nicht nur in jede Hausapotheke. Sie gehören auch in die Hand von Ärzten und Fachleuten, die für die Gesundheit der Menschen arbeiten. Mit dieser Grundhaltung können wir die Natur als Begleiter für unser Leben gewinnen.

Ein halbes Jahr später war ich als Vortragender auf einem Ärztekongress in Frankfurt eingeladen. Als Nichtmediziner stellte ich folgende Frage an die rund 250 anwesenden Ärztinnen und Ärzte: »Bei vielen Hauterkrankungen, häufig auch bei Neurodermitis und ähnlichen Symptomen, werden Cortisonpräparate verabreicht. Es ist aber eine statistisch nachgewiesene Tatsache, dass einem wesentlichen Prozentsatz der Patienten damit nicht geholfen werden kann. Richtig?«

Die Ärzte im Saal bestätigten das durch Kopfnicken und Zustimmungen.

»In der Volksmedizin gibt es beispielsweise Variationen der Lärchensalbe, die äußerst wirksam bei schuppigen, trockenen Hauterkrankungen helfen. So wird bei Pilzerkrankungen, wie etwa hartnäckigem Fußpilz, oft spürbare Linderung verschafft. In vielen Fällen können solche Pilze auch vollständig entfernt werden. Und das Großartige dabei: Nebenwirkungen sind nicht bekannt. Mit der einzigen, ganz seltenen Ausnahme von Harzunverträglichkeit, die sich in ähnlicher Form wie allergische Hautreaktionen äußert. Warum sollte man diese tolle Hilfe der Natur nicht in unser Gesundheitswesen einbauen?«

Auch hier gab es breite Zustimmung von den anwesenden Ärzten. Das Publikum begann spontan zu klatschen.

Diese Zustimmung seitens der Mediziner macht Mut. Alte Schranken fallen. Zum Nutzen aller sind immer mehr Menschen bereit, Angebote aus der Natur in ihr berufliches und privates Leben zu integrieren. Gerade wenn es um Gesundheit ging, haben sich einige Jahrzehnte lang zwei unversöhnliche Lager aufgebaut. Auf der einen Seite stand die Schulmedizin, die einzig und allein Präparate der Pharmaindustrie verabreichte. Auf der anderen Seite verwies die Naturheilkunde auf Grenzen dieses Systems und versuchte, Alternativen aufzuzeigen. Es ist ein Segen, dass sich heute immer mehr Mediziner für Ergänzungen aus der Natur öffnen. Es darf keine Frage der Ideologie sein, welche Therapie verwendet wird. Vielmehr können sich Schulmedizin und Naturheilkunde auf wunderbare Art und Weise ergänzen.

Zurück zum Gespräch mit Maximilian Moser. Auch meine nächste Frage, die ich dem Professor stellte, sollte die Weisheit der Natur betreffen. In den Neunzigerjahren wurde im Salzburger Land ein größerer Krankenhausanbau durchgeführt. Der ausführende Architekt hatte dabei die Idee, die Zimmer nicht so klinisch kalt, sondern mit einer etwas wärmeren Atmosphäre auszustatten, und schlug unter anderem reine Vollholzböden vor.

Damit erntete er vernichtende Kritik. Er wurde gefragt, ob er noch nie etwas vom größten Problem aller Krankenhäuser gehört hatte, den krankenhausresistenten Keimen. Obwohl das gesamte Krankenhauspersonal alles Menschenmögliche tut, obwohl Desinfizierung oberstes Gebot ist und Hygieneregeln längst zu ausgefeilten Qualitätssicherungssystemen entwickelt worden sind, konnte das Problem bisher nicht gelöst werden. Es gibt im Grunde kein Krankenhaus, in dem sich diese Keime nicht einnisten könnten; ein nicht zu unterschätzendes Infektionsrisiko für alle Patienten. Und dann kommt ein Architekt daher und möchte Holzböden einbauen. Böden, die Fugen bekommen.

Der gut gemeinte Vorschlag des Architekten wurde niedergeschmettert. Holz sei viel zu unhygienisch, hieß es. In den Zimmern wurden Kunststoffböden eingebaut. Diese kann man viel besser wischen. Lediglich in den Verwaltungsräumen, wo mit Sicherheit kein Patient hinkommt, wurden Holzböden genehmigt.

Maximilian Moser legte mir nun einen Stapel von Studienberichten auf den Tisch, ich konnte klinische Tests angesehener Institute und eine Doktorarbeit genau zu diesem Thema lesen. Das Verhalten der Keime wurde auf allen in Krankenhäusern verwendeten Materialien, also auf Kunststoff, Fliesen, Glas, Metall und auf Holz, genau untersucht. Auf allen Materialien lebten die Keime drei-, vier-, fünfmal länger als auf reinem Holz. Fugen im Holz spielten dabei keine Rolle. Am wohlsten fühlen sich die für uns Menschen gefährlichen Keime dagegen auf Kunststoff und in den Fugen von Fliesen.

Nur das Material Holz hat die Möglichkeit, Keime von sich aus aktiv zu bekämpfen und seine Oberfläche keimfrei zu halten. Dabei wird eine Doppelstrategie mit größtem Erfolg angewendet. Zum einen verfügt nur das Holz über Harze und Säuren, die, in seinem Inneren fein verteilt, hochgradig antibakteriell wirken. Wie wir wissen, beherrscht der Baum die Kunst, seine Zellen unglaublich lange funktionsfähig zu halten und zudem Bakterien, Viren und schädliche Pilze fernzuhalten. Als zweite Maßnahme saugt das Holz gleichzeitig jedem Keim seine Lebensgrundlage, die Feuchtigkeit, weg.

In allen klinischen Tests ist eindeutig nachgewiesen, dass Krankheitskeime auf Holz viel schneller absterben als auf einem anderen Untergrund. Reines Holz ist demnach der materialtechnisch wirkungsvollste Beitrag zu Hygiene und Vorbeugung, ganz egal, ob es um Wände oder Böden, um Möbel oder um sonstige Gegenstände geht. In der medizinischen Forschung ist das inzwischen Allgemeinwissen. In den Baunormen, bei Schulbehörden und in den Köpfen vieler Menschen ist es leider noch nicht angekommen. Immer noch gibt es Arbeitsinspektoren und Aufsichtsbeamte, die kleine Gewerbetreibende in der Gastronomie oder im Lebensmittelbereich beanstanden oder gar bestrafen, wenn sie dort hölzerne Schneidbretter oder Arbeitsgeräte finden. Dabei wurden Kochlöffel und Jausenbrett, Holzfußboden und Holzwand längst durch die Wissenschaft rehabilitiert. Ja, das Naturmaterial aus den Bäumen hat sich sogar als die beste Wahl herausgestellt.

Es ist höchste Zeit, das Material Holz neu zu bewerten. Überall dort, wo Hygiene und Gesundheit besonders wichtig sind, muss Holz bevorzugt vor allen Kunststoffen verwendet werden. Die Intelligenz, die dem gewachsenen Material aus den Wäldern innewohnt, übertrifft die vom Menschen geformten synthetischen Materialien und auch Holzimitate bei Weitem. Das größte Wunder, das dem Holz heute durch die Wissenschaft bescheinigt wird, ist sicherlich seine Meisterschaft in so vielen Disziplinen gleichzeitig: hygienischste Oberfläche, Stärkung unseres Herz-Kreislauf-, Immun- und Nervensystems, Wärmedämmung, statische Belastbarkeit im Verhältnis zum Gewicht, viele weitere bautechnische Anforderungen wie Erdbebenfestigkeit, Strahlenabschirmung, Raumklimatisierung und Atmungsfähigkeit – Holz ist der Zehnkampf-Olympiasieger aller Werkstoffe.

Lebensuni Wald

Wenn wir all das bedenken, dann beginnen wir zu verstehen, dass der Wald eine der wichtigsten Bibliotheken für uns Menschen beinhaltet. Der Wald wird damit sozusagen zur Universität für die Menschen. Jeder kann sich dort kostenlos einschreiben, es wird keine Vorprüfung verlangt, kein Numerus clausus. Wir müssen nur mit offenem Herzen schauen, und die Entdeckungen, die der Wald für uns bereithält, werden uns in kurzer Zeit mehr beibringen, als es sonst wie möglich ist.

Im Wald können wir lernen, wie die Natur ihre Zellverbände jahrtausendelang gesund leben lässt. Dort finden wir die gelebten Modelle zum Umbau unserer Wegwerfwirtschaft in eine Kreislaufwirtschaft. Und nicht zuletzt können wir im Wald sehr anschaulich beobachten, dass Wettbewerb etwas Gutes ist – wenn am Ende des Wettbewerbs anstelle von endloser Gier Verbundenheit und das gemeinsame Lösen aller Aufgaben steht.

Möge die Zeit kommen, in der wir Menschen, die Verantwortung übernehmen wollen, für einige Zeit in den Wald schicken, bevor sie ihre Aufgaben in Wirtschaft, Politik, Bildung, Sozialwesen, Religion oder Wissenschaft aufnehmen. Mögen die Menschen, die zukünftig Verantwortung tragen, dort ungestört die Weisheit und die Intelligenz der Bäume auf sich wirken lassen. Diese werden so manche Fehlentscheidung vermeiden helfen.

Beginnen wir noch heute, die Kinder aus den Beton-Kindergärten zu holen und unter Bäumen ihren Ideen nachgehen zu lassen. Öffnen wir noch heute die Schulen und lassen wir die jungen Menschen mindestens die Hälfte ihrer Schulzeit durch ihr Tun das Leben begreifen (die anderen fünfzig Prozent der Zeit im Klassenzimmer sind immer noch genug). Lesen und Schreiben, der Satz des Pythagoras und die Geschichte der Menschheit, all das kann man auch unter Bäumen lernen. Die Strömungslehre am plätschernden Bächlein werden unsere Kinder viel weniger vergessen als die Formeln, die sie im Physiksaal vorgelesen bekommen.

Träumen wir von Schulen, die von Kindern und Lehrern wieder mit Freude besucht werden.

Holen wir noch heute die alten Menschen aus den Altersheimen und bitten wir sie, unseren Kindern das Wunder eines keimenden Radieschens oder die Arbeit eines Regenwurms zu zeigen. Das ist nicht nur auf dem Land möglich. In der Großstadt kann das genauso organisiert werden. Gerade dort wäre es am wichtigsten, den Kindern das Tor zur Natur zu öffnen.

Das, was wir Wald nennen, dieses Wunder, das uns Menschen mit sauberer Luft und Trinkwasser versorgt, gelingt nur deshalb so gut, weil letztlich alle Pflanzen und Tiere gemeinsam so leben, dass die Welt für die nächste Generation zumindest gleich gut erhalten bleibt. Der Wald kann demnach der Ort sein, an dem alle zur Förderung des Lebens eingebunden werden. Es gibt dort keine Ausgrenzung von Gruppen, kein Ghetto, in das Menschen abgeschoben werden. Gärten, Wälder und Wiesen sind Universitäten für den Suchenden und Tankstellen der Lebenskraft für den Ermüdeten.

Wer auch in guter Absicht die Wälder nur zum unberührbaren Naturschutzgebiet erklären will, der vergisst das Lebensprinzip der Verbundenheit. Es kommt darauf an, dass wir in den Wäldern nachhaltig und verantwortungsvoll ernten und wieder Artenvielfalt säen. Nur so erhalten wir die Böden, die Luft und das Wasser für unsere Enkel und Urenkel. Auch wir Menschen sind ein aktiver Teil der Natur. Wer auf die Gaben der Natur verzichtet, der endet bei Plastik, Beton und Wegwerfprodukten. Das ist auf jeden Fall der größte Schaden für die Umwelt.

Im Kern müssen wir aber endlich einen Irrtum einsehen und korrigieren. Wir Menschen handeln so, als wären wir gottähnlich über die Natur gestellt. Wir glauben tatsächlich, dass wir das Geschehen dank Wissenschaft und Technik im Griff haben und lenken können. Wir tun so, als hätten wir ein Steuergerät in der Hand, mit dem wir die Natur dirigieren können. Wir haben grenzenloses Wirtschaftswachstum, gnadenlose Erdausbeutung und die Zerstörung unserer Lebensgrundlagen erfunden und tun so, als wäre das nötig, damit wir einen hohen Lebensstandard erreichen. Wenn wir dem Geld einen so wichtigen Stellenwert in unserem heutigen Wirtschafts- und Wertesystem einräumen, dann können wir gleich die Brüderlichkeit über Bord werfen. Wer bereit ist, die Erde auszubeuten, der beutet bald auch die Menschen aus.

Wir Menschen sind ein Teil der Natur, total umgeben von Natur, mit ihr innig verbunden, durchwoben und vernetzt. Das ist es und sonst nichts. Der Glaube, dass wir hier alles beherrschen und nach unseren Vorstellungen lenken können, ist ein fataler Irrtum. Wir müssen wieder lernen, uns liebevoll in diese Ganzheit einzufügen. Die Natur ist in Kreisläufen im ökologischen Gleichgewicht ihrer einzelnen Mitspieler organisiert. Wer das respektiert und die Erhaltung dieses Systems unterstützt, der wird als wertvoller Teil des Systems erkannt und auch von den anderen beschützt und unterstützt. Wir Menschen brauchen die Natur mehr als umgekehrt.

7 Baum und Mensch

Die längste Freundschaft und ihre Wirkung

Bäume – was wäre der Mensch nur ohne sie? Nahrung und Schutz boten Bäume unseren Urahnen, als Begleiter und als Spender haben sie den ersten Menschen immer verlässlich geholfen. Dann lernte der Mensch, das Feuer zu entfachen, es in seiner Höhle zu behalten. Damit sind sie zur Wärmequelle geworden. Vertrauen, die Grundlage jeder Freundschaft, wuchs zwischen den beiden ungleichen Erdbewohnern, zwischen dem Baum und dem Menschen, langsam, aber unaufhörlich.

Immer wenn einer dieser geheimnisvollen Erfindungsschübe die Entwicklung der Menschen voranbrachte, eine Neuerung, die alles gewohnte Leben veränderte und erleichterte, waren Bäume mit ihrem Holz im Spiel. Die erste Axt mit hölzernem Stiel, der Speer für die Jagd oder der erste Pfeil und Bogen – was für ein Vorteil gegenüber allen anderen Lebewesen, den der Mensch da von den Bäumen geschenkt bekam! Bereits damals entstand das erste Wissen um die verschiedenen Hölzer, ihre Härte, Elastizität und Dauerhaftigkeit.

Schritt für Schritt offenbarten sich den Menschen neue Lösungen, Hilfen und Technologien. Von den Pfahlbauhütten gelangten unsere Vorfahren zu vielgeschossigen hölzernen Prachtbauten, Tempelanlagen, die Jahrtausende überstehen sollten. Vom ersten Holzbeil wurde der Werkstoff über das Rad bis hin zur Weltraumausrüstung fortentwickelt. Holz ließ den Menschen die Welt entdecken. Aus einfachen Einbäumen entstanden Schiffsflotten, die die Weltmeere überquerten und dem Menschen neue Kontinente zeigten. Selbst das Unmögliche, der Flug hinauf in die Lüfte, wurde zunächst mit größtenteils hölzernen Flugmaschinen wahr gemacht.

Aber nicht nur technische Entwicklung brachte die Freundschaft Mensch und Baum hervor. Heilerinnen und Druiden der unterschiedlichsten Kulturen lernten, Heilkräfte der Bäume und ihre Inhaltsstoffe nutzbar zu machen. Die Menschen entdeckten Sinnesfreuden aller Art in und an den Bäumen, eine Aufzählung wäre lang und reichte von A wie Adlerholz, ein in Asien vorkommendes, speziell angemodertes Holz, aus dem angeblich das teuerste Parfüm der Welt hergestellt wird, bis Z wie Zimtrinde, Zirbelnüsse und Zirbenschnaps. Und um wie viel ärmer wäre unser Leben ohne all die Musikinstrumente, die die Menschen aus Hölzern angefertigt haben. Von einfachsten Klopf-, Schlag-, Trommel- und Blasinstrumenten bis hin zu einer Stradivari, die heute um hohe zweistellige Millionenbeträge gehandelt wird. Dabei besteht so eine Geige »nur« aus circa einem halben Kilogramm Holz – welche Wertschöpfung ist dem Menschen hier gelungen!

Und heute? Heute stehen wir wieder an solch einem Punkt, an dem viele Menschen die Notwendigkeit der Veränderung spüren. Und wieder sind es Bäume, die mit ihrem Holz, dem über Hunderte Millionen Jahre optimierten Stoff, geniale Lösungen und neue Wege anbieten. Wir können reine Holzhäuser bauen, die ohne komplizierte Technik und ohne giftige Bauchemie auskommen und energieunabhängig sind, also sich selbst heizen und kühlen. Die oftmals kritisierte Schulmedizin zeigt uns, wie Holz unsere Gesundheit stärkt und uns länger leben lässt. Die Bäume zeigen uns mit ihrer genialen Kreislaufwirtschaft einen gangbaren Ausweg aus der Wegwerfgesellschaft, deren Naturzerstörung nicht länger hingenommen werden kann.

Ist das alles? Ist die Geschichte von Mensch und Baum eine, in der einer – der Mensch – immer nur nimmt und der andere – der Baum – immer nur gibt und ausgebeutet wird?

Eine Freundschaft, in der einer nur nimmt, hält nicht. Sie zerbricht. Wir Menschen haben daher auch den Bäumen gegenüber eine Verpflichtung. Einem guten Freund hilft man dabei, seinen Weg zu gehen, seine Bestimmung zu erfüllen. Was ist die Bestimmung der Bäume?

Unbeirrt verfolgen sie ihr Ziel. Den Boden, in dem sie selbst keimen konnten, wollen sie zumindest erhalten, vielleicht die Humusschicht auch noch verbessern, eine Schicht drauflegen. Dann sollen ihre Nachkommen dort wachsen und keimen. Sobald das erledigt ist, haben Bäume keine Mühe damit, ihren eigenen großen Körper wieder zu Humus zu verwandeln, den Lichtraum für die nächste Generation freizugeben.

Wir Menschen dürfen erwachsene Bäume ernten und unser Leben mit dem gewonnenen Holz sinnvoll verbessern, so wie wir es schon immer getan haben. Als Gegenleistung müssen wir aber darauf achten, den genialen Kreislauf der Wälder, in dem Holz unendlich erneuert wird, ungestört zu erhalten. Wir müssen darauf achten, dass das Holz sauber bleibt und eines Tages ohne giftige Belastung zum Boden, zum Humus zurückkehren kann. Wer Holz kontaminiert, mit giftigen Leimen, Klebstoffen oder Holzschutzmitteln belastet, verstößt gegen diesen Freundschaftsdienst, den wir den Bäumen schulden. Solcherart kontaminiertes Holz ist Sondermüll. Es ist ein Material, das denjenigen, der es vergiftet hat, selbst belastet. Gifte von Holzschutzmitteln, giftige Leime, Beschichtungen etc. finden wir in unserer Nahrungsmittelkette wieder. Es sind Geister, die wir rufen und nicht mehr loswerden.

Holz in seiner reinen Form hingegen ist ein Segen für alle Menschen. Der Baum, der für die Menschen die Erde lebenswert gemacht hat, belohnt uns, wenn wir auf seine Reinheit achten. Die

Wirkung des puren Holzes ist immer besser als die eines belasteten Produkts.

Das Reinheitsgebot des Holzes ist die erste Grundlage zur Entfaltung aller guten Holzkräfte – für unsere Gesundheit und für die Erhaltung einer lebenswerten Umwelt. Die nachhaltige Forstwirtschaft ist der zweite Grundsatz, der eine Holzernte durch uns Menschen erst rechtfertigt.

Was in Mitteleuropa, in Ländern und Regionen wie Deutschland, der Schweiz, Österreich oder Südtirol, vorbildlich gelebt wird, ist in anderen Teilen der Erde ganz und gar nicht selbstverständlich. Für jeden Baum, der im Wald geerntet wird, muss wieder ein junges, zum Klima und Boden passendes Bäumchen nachwachsen. Dafür zu sorgen ist in den erwähnten Ländern nicht nur in den Forstgesetzen festgeschrieben. Es wird in den allermeisten Forstbetrieben von den Förstern und Waldbauern mit großer Überzeugung und Begeisterung umgesetzt.

Zerstörerische Rodungen der Regenwälder, Riesenkahlschläge, die die Böden verwüsten, Ausplünderungen von Wäldern, die nur kurzfristigem Profit folgen – all das sind unverzeihliche Fehler, die noch für einige nachfolgende Generationen Probleme zur Folge haben, zuvorderst Verarmung und schlechtere Lebensbedingungen. Wer hingegen auf nachhaltige Forstwirtschaft und auf eine saubere, gesunde Holzverarbeitung achtet, der erfüllt nicht nur die Freundschaft zum Baum mit Leben. Vielmehr erzielt er technisch bessere Ergebnisse, baubiologisch gesündere Lösungen und mehr Lebenskraft und Sinnesfreuden.

Was geschieht, wenn sich der Mensch über Tausende von Jahren auf seine Bäume verlassen kann, ohne jemals enttäuscht zu werden? Welche Programmierung in unserem Innersten erfolgt, wenn wir vom Holz und den Bäumen immer nur gute Signale bekommen, wenn sich eine positive Erfahrung an die andere reiht? Sobald wir von Holz umgeben sind, fühlen wir uns geborgen. Sobald wir Bäume und ihr Holz spüren, schaltet unser Inneres auf Sicherheit, Entspannung und Wohlfühlen. In ihrer Nähe müssen wir nicht ständig in Alarmbereitschaft sein, hier können wir endlich ausruhen und neue Kräfte tanken.

Die moderne Hirnforschung erklärt uns den Weg dieser Informationen, die vom Baum zu uns Menschen gelangen und uns so beruhigen. Obwohl uns der technische Fortschritt in beinahe allen Bereichen des Lebens atemberaubende Neuerungen beschert hat, ist unser Körper immer noch eines der allerfeinsten »Messgeräte«, die es auf dieser Welt gibt. Die Messungen und Informationsauswertungen, die unsere Sinnes- und Geschmacksorgane permanent liefern, sind so fein, so genau und so vielfältig, dass wir verrückt werden würden, würden sie Tag und Nacht auf unser Bewusstsein einprasseln. Damit wir trotz der unaufhörlichen Wahrnehmung Ruhe und Entspannung finden können, hat die Natur zu einem großartigen Trick gegriffen. Die meisten Daten werden nicht an unser Bewusstsein geschickt, sondern von uns nur unterbewusst wahrgenommen und im Körper ausgewertet. Auch zahlreiche Reaktionen auf die Informationen laufen unterbewusst ab.

Wenn es um die Kommunikation zwischen Mensch und Baum geht, dann nimmt die Nase eine ganz besondere Rolle ein. Wir alle kennen den wohltuenden Harzgeruch des Waldes, den Holzgeruch in einem Sägewerk oder einer Tischlerei. Doch auch Gerüche, die wir bewusst gar nicht wahrnehmen, spielen hier eine nicht minder wichtige Rolle. Beinahe jedes Material, mit dem wir uns umgeben, schickt permanent Informationen in die Luft hinaus, einzelne winzige Moleküle steigen durch Temperatur-, Feuchtigkeits- und andere Änderungen der Umgebung als Botenstoffe in die Luft auf.

Obwohl wir in den meisten Fällen überhaupt nicht über den Geruch unserer Umgebung nachdenken, nimmt unsere Nase diese unüberschaubare Vielfalt an Duftbotschaften auf. Genauer gesagt: Die Duftmoleküle gelangen in der Nase an die Geruchsrezeptoren. Dort wird die Botschaft, ein spezieller Reiz für jede Information, aufgenommen und in den ältesten Teil unseres Gehirns, in das sogenannte limbische System, weitergeleitet. Dieses System ist ein wohltuender Filter für unser Bewusstsein; im Grunde vergleichbar mit einem Türsteher, der entscheidet, wer vorgelassen wird und wer besser draußen bleibt, weil der Laden schon zu voll ist. Die Informationen werden durch das limbische System aber nicht einfach abgeblockt. Es könnte ja etwas wirklich Wichtiges dabei sein. Sie werden daher an anderer Stelle unterbewusst verarbeitet.

Was bedeutet das, eine Geruchsinformation zu verarbeiten? Eine der allerwichtigsten Fragen, die unser Körper dabei immer stellt, lautet: Ist das gefährlich für mich? In uns gibt es ein unvorstellbar großes Archiv, in dem alle möglichen Gefahren gespeichert sind. Sobald eine Information hereinkommt, die in eines dieser Muster passt, wird ein Alarm ausgelöst. Ein perfektes Schutzsystem. Die spannende Frage dabei ist: Wie kommt dieses Archiv zustande? Muss ich selbst alle Gefahren erleben, bis mein inneres Warnsystem komplett ist? Dafür würde ein Lebensalter wohl kaum ausreichen. Weil das also nicht funktioniert, sind in uns unzählige Informationen und Erfahrungen unserer Vorfahren bis zurück in die Steinzeit abgespeichert. Erstaunlich ist dabei, dass offenbar viele urzeitliche Prägungen auch heute noch stärker in uns wirken als manche aktuelle, logisch begründete Gefahreneinschätzung. Es sterben jährlich viel mehr Menschen durch Autounfälle als durch Haifische oder Bären. Trotzdem geriete beinahe jeder in Panik, wenn ihm tatsächlich ein Haifisch im Wasser oder ein Bär im Wald begegnete. Bei den Autos, die tagtäglich an uns vorüberflitzen, bleiben wir aber immer gelassen – ist das nur ein Gewöhnungseffekt?

Zurück zum Holzgeruch in unserer Nase. Sobald die Information für Holz ins limbische System kommt und dazu noch die Information, dass es sich um Holz in seiner reinsten Form handelt, fällt die Reaktion des »Türstehers« eindeutig positiv aus. Er fühlt sich vollkommen wohl und sicher und kann daher Entwarnung geben. Diese Einschätzung hat unmittelbar zur Folge, dass das Signal für Geborgenheit, Sicherheit und Entspannung entsprechende Gefühle auslöst. Folglich ruht sich der ganze Körper aus und tankt Energie auf. Wir erleben auf diese Weise wohltuende Entspannung ohne unser bewusstes Zutun.

»Wir Menschen, gestresst und rastlos,
werden von den Bäumen eingehüllt.
Beschenkt mit tiefem Schlaf,
Gesundheit und einem längeren Leben.
Die Bäume sind unsere wahren Freunde.
Es liegt an uns selbst, die Fülle dieser Freundschaft
Tag für Tag in unser Dasein zu lassen.«

Sobald aber eine Gefahr erkannt wird, schaltet das ganze System auf Mobilisierung aller Kräfte. Alles, was zur Flucht, zum Angriff, zur Bewältigung einer gefährlichen Situation beitragen kann, wird hochgefahren. Auf den Alarm folgt dann üblicherweise auch die Flucht oder Abwehr, eben die maximale Anstrengung und körperliche Verausgabung. Das geht so lange, bis alles überstanden ist und wieder ein Ort der Sicherheit und Geborgenheit gefunden wurde. Die Anstrengung nach dem Alarm ist aber nicht nur wichtig, um der Gefahr zu entkommen. Im Körper werden dabei auch alle Stoffe abgebaut, die die Mobilisierung ausgelöst haben. Der sogenannte Adrenalinschub will wieder weggeräumt werden, wenn der Aktivierungsstoff nicht mehr benötigt wird.

Dieser Ablauf ist einfach und funktioniert im Grunde automatisiert. Kompliziert wird es nur, wenn ein Fehlalarm auftritt. Wenn also Gefahr gemeldet wird und dann gar keine körperliche Anstrengung, keine Flucht oder kein Angriff erfolgt. Der Körper wird mobilisiert und dabei mit Stresshormonen geflutet. Die wichtige Abbaumöglichkeit durch körperliche Anstrengung bleibt in diesem Fall jedoch aus.

Was veranlasst nun unseren Türsteher, einen Fehlalarm auszulösen? Solange er Informationen bekommt, die er genau kennt und klar zuordnen kann, arbeitet er souverän. Aber wehe, wenn er plötzlich Informationen vorgesetzt bekommt, die er nicht kennt und die er als möglicherweise gefährlich einstuft.

Zu den gefährlichen Botschaften, die eindeutig systemstörend sind, zählen wirklich toxische Stoffe, Gifte, die aus der Umgebung ausgasen, etwa Formaldehyde aus den Klebstoffen von Spanplatten, Leimbinder oder Abriebe von Polyurethankleber (PU), Weichmacher aus Kunststoffen und Isolierschäumen, um nur einige zu nennen. Heimtückisch ist es dagegen, wenn unser inneres Sicherheitssystem einen Verdachtsmoment erhebt, weil eine Information nicht dem großen Erfahrungsschatz der menschlichen Evolution zuzuordnen ist. Neue, im Chemielabor hergestellte Kunststoffe, können ordentlichen Stress in uns auslösen, nur dadurch, dass sie unbekannt sind. Übrigens auch dann, wenn im direkten Versuch keine toxische Wirkung nachgewiesen wird. Es liegt eine gewisse Tragik darin begründet, dass zahlreiche Allergien und ähnlich schwer zu bekämpfende Symptome oftmals erst durch die Kombination einzelner, an sich ungefährlicher Stoffe entstehen können.

In jedem Fall bewirkt die Information für Gefahr erhöhte Alarmbereitschaft. Ganz schlimm wird es, wenn wir in einer belasteten Umgebung wohnen und arbeiten oder gar schlafen. In einer Umgebung, aus deren Luft permanent solche Alarmsignale zu uns gelangen, herrscht eine stetige innere Mobilmachung. Als Folge eines solchen Lebens im Dauerstress können Schlafprobleme, Burn-out, Allergien, entzündliche Prozesse, Herz-Kreislauf-Probleme, Krebs und weitere bekannte Zivilisationskrankheiten auftreten.

Erst wenn wir uns all das vor Augen führen, können wir ermessen, wie wohltuend die Information für reines Holz für unser Wohlbefinden und unsere Gesundheit ist. Erst damit wird das Zuhause, der Arbeitsplatz zur gesundheitsfördernden Umgebung. Das Haus aus reinem Holz wird zum persönlichen Kraftwerk, das Lebensenergie für jeden seiner Bewohner spendet. Wir moderne Menschen, gestresst und rastlos, werden von den Bäumen eingehüllt. Beschenkt mit tiefem Schlaf, Gesundheit und einem längeren Leben. Die Bäume sind unsere wahren Freunde. Es liegt an uns selbst, die Fülle dieser Freundschaft Tag für Tag in unser Dasein hereinzulassen.

Umarme sie, rieche, schmecke und koste sie, fühle das Holz, leg dich drauf. Im Sommer auf den abgewitterten Bootssteg. Im Winter lehn dich an die sonnenbeschienene Holzwand. Das Feuer im Kamin beschützt dich in den dunkelsten Tagen vor Trübsal und Depression. Hülle dich ein, dich und deine Lieben mit dem Stoff, aus dem Bäume gewachsen sind. Schlafe ruhig zwischen hölzernen Wänden, lass das erwachende Auge am Deckenbalken den Jahresring entlangstreifen, Halt und Orientierung finden. Lausch dem Klang schwingender Musikinstrumente und spiele selbst. Lass den Arm am Abend auf der hölzernen Tischplatte ruhen. Nimm den Stock am Weg durch dieses Leben. Nimm ihn, wandere, fühle seine Maserung in deiner Hand. Er hält dich, er tröstet dich, er, der Stock, gewachsen an deinem Baumfreund, treu verbunden mit dir und allem.

8
Vom Sandkuchen zum Holzhochhaus

Warum uns die Natur die beste Baukunst zeigt

Oft ist davon die Rede, wie wir das Wissen der Natur auf unser tägliches Leben übertragen können. Die wissenschaftliche Disziplin dazu wird »Bionik« genannt. Für den Einzelnen mag das etwas weit hergeholt klingen – was soll der Stadtmensch da draußen im Wald schon lernen, was zur unmittelbaren Verbesserung seines Daseins beiträgt? Für den Bereich der Philosophie, allgemeiner der Geisteswissenschaft, mag die Natur ja interessante Gedankenanstöße liefern. Aber in der Technik?

Im Feld der Ingenieurswissenschaften, so eine verbreitete Meinung, hat der moderne Mensch schon lange das Stadium verlassen, in dem er von der »primitiven« Natur lernen kann. Dabei wäre gerade hier etwas mehr Demut angebracht. Wer einmal seine Selbstgefälligkeit vergisst und mit offenen Augen durch die Natur geht, der kommt aus dem Lernen nicht mehr heraus.

Ein einfaches Beispiel, für das wir nicht einmal in den Wald gehen müssen, sondern nur den Weg zum nächsten Sandkasten zurückzulegen brauchen; es soll uns zeigen, welch überraschend große Wirkung mit dem Wissen um simple Zusammenhänge erzielt werden kann. Und dass es sich über alle Maßen lohnt, draußen zu beobachten, zu lauschen, vor allem aber auch zu spielen und zu experimentieren.

Wohl jedes Kind hat schon einmal einen kleinen Eimer mit feuchtem Sand befüllt, mit der Hand den Inhalt verdichtet, um dann den fertigen Kuchen aus dem Eimer verkehrt auf den Boden zu stürzen. Solch ein Sandkuchen trägt normalerweise sein Eigengewicht. Wir können also vorsichtig noch einen zweiten Kuchen daraufstellen. Beim Versuch, einen dritten Kuchen obendrauf zu setzen, zerbröselt meist der unterste unter dem nun zu großen Gewicht.

Die Tragfähigkeit des Sandkuchens kann aber mit einem denkbar einfachen Trick auf das Vier- bis Fünffache vergrößert werden. Dazu wird der Eimer nicht auf einmal befüllt, sondern es wird eine Schicht von einigen Zentimetern Sand eingefüllt und mit einem einfachen Holzstößel verdichtet. Dann kommt die nächste Schicht. Diese wird wieder verdichtet und so weiter. Der so entstandene Sandkuchen trägt plötzlich das Vier- bis Fünffache seines Eigengewichts.

Eine weitere unglaubliche Verbesserung des Sandkuchens kann man ohne großen Mehraufwand erreichen, indem zwischen jede Schicht Sand eine Lage dünnes, reißfestes Papier gelegt wird. Die Tragfähigkeit steigt dadurch auf das Zwanzigfache!

Dieses Sandkuchenexperiment hat übrigens das größte Bauwerk der Menschheit hervorgebracht: Die Chinesische Mauer ist genau auf dieselbe Weise entstanden und hat bekanntlich Jahrtausende überstanden. Nur so konnten die Menschen damals solch ein Bauwerk errichten, mehrere Tausend Kilometer lang und ohne moderne Transportmöglichkeiten oder besondere Baustoffe. Die Chinesen verwendeten allerdings keine Papierlagen, sondern Palmenblätter und andere gewachsene, faserige Pflanzenteile für den schichtweisen Einbau.

Pierre Frey, emeritierter Professor für Kunstgeschichte und Architektur an der Technischen Hochschule Lausanne, war derjenige, der mir davon erzählte. Er beendete seine Erklärung mit folgender Feststellung: »Es wäre leicht möglich, alle Bauwerke nach solchen intelligenten und absolut energiesparenden Verfahren herzustellen. Hier gibt es keinen Abfall. Alles kann wieder genutzt werden. Die von uns Menschen oft als dumm bezeichnete Henne baut bei nur 400 Grad Celsius ein statisches Kunstwerk aus Kalzium. Jedes Ei ist materialtechnisch und statisch derart optimiert, dass man es einfach nicht mehr verbessern könnte. Erst wir Idioten der industrialisierten Neuzeit kommen auf die Idee, bei 2000 Grad Celsius Zement für Beton und Ziegelsteine zu brennen. Dabei verbrauchen wir in nur einem Jahrhundert alle Erdölreserven und verwüsten das Klima. Wir müssen unsere ganze Wirtschaft und Industrie auf solche naturkonformen Verfahren umstellen!« So weit Professor Frey.

Den Weg vom Sandkuchen bis zur intelligent und effizient gebauten Chinesischen Mauer haben Menschen schon vor Jahrtausenden umgesetzt. Der Weg von unserer heutigen Wegwerfgesellschaft mit absurdem exponentiellem Wachstumsanspruch hin zur Kreislaufwirtschaft mit sozialem Antlitz und Generationentauglichkeit liegt noch vor uns. Der erste Schritt dazu ist das Wissen um die Machbarkeit. Daraus können die Überzeugung und der Mut vieler wachsen, die dann zum Wandel, zum Ergreifen der neuen Chancen führen werden.

Ein ähnlich einfaches Wirkungsprinzip, das in den Bäumen millionenfach angewendet wird, hat auch mein Leben in eine Richtung gelenkt, die ich mir so nie vorgestellt habe. Zunächst konnte ich meinen Traumberuf erlernen und Förster in einem abgelegenen österreichischen Bergrevier im Tiroler Karwendelgebirge werden. Dort in der Einsamkeit hatte ich fünfeinhalb Jahre lang alle Zeit für ausgiebige Naturbeobachtungen. Dann beschloss ich, den Försterberuf aufzugeben, und gründete mein eigenes kleines Unternehmen. Als wichtiger Begleiter und Lehrmeister erwies sich der von mir sehr geschätzte Großvater meiner Frau. Gottlieb Brugger, ein achtzigjähriger Zimmermann, lehrte mich auf seine Art Holzhäuser zu bauen und schenkte mir seinen kostbaren Wissensschatz, der von Mondholz bis zu alten Verbindungstechniken reichte. Der alte Mann begeisterte mich immer mehr mit seinem Tun, mit der Art, alles anhand der gemeinsamen Arbeit zu erklären.

Mit der Zeit kamen allerdings neue Herausforderungen, die mit der Blockbaumethode des Großvaters nicht zu lösen waren. Mit der herkömmlichen Technik, Stamm auf Stamm zu setzen, konnten wir keine hochgedämmten Passivhäuser herstellen. Die neue Zeit und neue Baunormen schienen eine ganz andere Richtung von synthetischen Materialien, Folien, Dämmstoffen etc. vorzugeben. Nicht zuletzt die Allergie meiner Kinder gegen die Leime in üblich verklebten Holzwerkstoffen lenkte mich in eine ganz andere Richtung. Damals folgten wir dem Rat des Großvaters und tauschten alle verbauten Hölzer im Haus gegen einfaches Massivholz aus – die Kinder wurden tatsächlich gesund. So träumte ich von der Erhaltung des puristischen Charmes reiner Holzbaukunst, von der Erhaltung der Natürlichkeit und Kraft des chemisch unbehandelten Holzes.

In dieser Phase des Suchens erwachte ich eines Morgens und begann sogleich einen Traum, den ich noch frisch vor Augen hatte, zu Papier zu bringen. Das Geträumte schien die Lösung zu sein, auch anspruchsvolle moderne Bauten allein mit dem nachwachsenden Holz zu errichten. Noch dazu auf eine Weise, bei der das kostbare Material wiederverwendbar bleibt und nicht ständig neue Wälder abgeerntet werden müssen. Die Lösung war so einfach, dass ich selbst schon zu zweifeln begann, ob da nicht irgendwo ein Haken versteckt ist, den ich übersehen hatte.

In diesem Traum habe ich vorgefertigte Wände, Dächer und Decken von Häusern gesehen. Alles war aus kreuz und quer gelegten Brettschichten gefertigt. So viele Lagen, bis die Wand eben dick genug war. Dann wurde das Paket aus vollem Holz mechanisch verbunden. Das heißt, im verpressten Zustand wurden Löcher senkrecht in die Wand gebohrt und staubtrockene Hartholzdübel eingepresst. Bekanntlich kann mit solchen Feuchteunterschieden erreicht werden, dass der trockene Teil in die feuchtere Umgebung förmlich hineinquillt, weil Holz immer das Bestreben hat, Wasser von seiner Umgebung aufzunehmen. Ersten Prototypen folgten bald die Labortests und Bauzulassungen. Mühsam kratzten wir das nötige Geld dafür zusammen. Selbst die Urlaubskasse und das Haushaltsbudget wurden anfangs dafür geplündert.

Dieser Weg, den ich nicht nur mir selbst, sondern auch meiner Familie und meinen Mitarbeitern zugemutet habe, wäre wohl nicht lange durchzuhalten gewesen, wenn nicht die technischen Ergebnisse aller Prüfungen und Tests von Anfang an so unglaubliche Verbesserungen gegenüber dem bisher bekannten Stand der Technik gezeigt hätten. Der mechanische Dübelverbund unserer Wände, Dächer und Deckenelemente erwies sich in seinem Verbesserungspotenzial als genial, vergleichbar mit dem simplen Sandkuchenexperiment. Die einfache Maßnahme, die herkömmliche Verklebung von Spanplatten und Leimholz mit synthetischen, giftigen Klebstoffen durch reine Hartholzdübel zu ersetzen, entfaltete eine große Wirkung – beim Brandschutz wie bei der Wärmedämmung, wo wir einen Weltrekord unter statisch tragenden Baustoffen erzielten. Es folgten Erdbebentests in Japan mit dem Zertifikat für die höchste Sicherheitsklasse unserer »Holz100«-Bauteile, die wir so nannten, weil sie zu hundert Prozent aus nachwachsendem gesundem Holz aufgebaut waren. Nach dem ersten großen »Holz100«-Hotel, bei dem der Schallschutz noch mittelmäßig war, forschten wir in diesem Bereich und bauten dann das leiseste Holzhotel der Welt. Hinter diesem Schlagwort stand ein gemessener Schalldämmwert von über 60 Dezibel zwischen allen Zimmertrennwänden und Decken. Ein Wert, der damals für einen Holzbau noch unvorstellbar war.

Während in Mitteleuropa die große Dämmstoffkampagne mit

Polystyrol und anderen ökologisch bedenklichen Materialien anrollte, setzten wir uns in unserem Forschungszentrum das Ziel, energieautarke Häuser zu bauen, bei denen überhaupt kein Abfall anfällt. Das gesamte Baumaterial soll für die nächste Generation als wiederverwendbare Wertstoffe und nicht als Bausondermüll zur Verfügung stehen. Obwohl das von Fachleuten für unmöglich gehalten wurde, bauten wir 2014 den ersten Prototyp eines abfallfreien und energieautarken Hauses. Das fünfgeschossige Gebäude mit zwei Geschossen Büro und drei Geschossen Wohnfläche steht im Berner Oberland, also im kalten alpinen Klimabereich. Das Messmonitoring durch drei Jahre hindurch zeigte Temperaturen, die ganzjährig nie unter 18 Grad Celsius fielen und nie über 24 Grad Celsius hinausgingen. Und das, obwohl es in dem Gebäude keine Heizung und keine Lüftung gibt. Klimatisiert wird nur durch ein optimiertes Holz-Glas-Verhältnis, durch die Vollholzhülle als thermisch langsamen Großspeicher und dunkle Lehmböden hinter den Glasscheiben als schnelle Kurzzeitspeicher.

Besonders amüsant auf dem Weg dieser Erkenntnisse war der Umstand, dass wir uns von der Biologie und Thermodynamik in den Bauten der roten Waldameise inspirieren ließen. Als Förster wusste ich, dass die Ameisen im Inneren ihres Hauses einen sehr temperaturstabilen Raum haben. In dieser Geburten- und Eiaufzuchtstation darf die Temperatur nicht schwanken, weil die Ameisenkinder sonst Schaden nehmen würden. Die wissenschaftliche Untersuchung der Ameisenlösung zeigte uns, dass es viel intelligenter ist, mit temperaturträgem Holz die Außenextreme abzupuffern, als aufwendige Technik für Heiz- und Kühlsysteme zu bauen.

Zwei Jahrzehnte habe ich damit verbracht, die Möglichkeiten, die sich daraus für ein zukunftsfähiges Bauen ergeben, zu erforschen. Im eigenen Forschungszentrum unterstützte mich mein Bruder Richard und draußen in den Märkten kooperierten wir mit inzwischen rund 150 regionalen Vertretern. Das sind Bau- und Zimmermeister, Architekten und Planer, die nicht nur unser Wissen bekommen, sondern auch die eigene Arbeit und Erfahrung in die große »Thoma-Familie« einbringen. Ein Netzwerk nach dem Vorbild des Waldes.

In der Zeit, in der ich Forschung, Entwicklung und Geschäftsführung verantwortete, sind über tausend »Holz100«-Projekte in über dreißig Ländern der Erde entstanden. Dass wir nach dem Schweizer Prototyp moderne Gebäude bauen konnten, ohne synthetische Dämmstoffe und Hilfsmittel, nur mit reinem wiederverwendbarem Holz, war und ist einer der schönsten Forschungserfolge, die ich erleben durfte. Wieder einmal hat sich die einfachere gegenüber der komplizierten Lösung durchgesetzt.

Darin liegt wohl auch das Geheimnis, das dem ursprünglichen Traum innewohnte. Die Methode, ein Material zur Höchstleistung im ganzheitlichen Sinn zu bringen, indem es in seiner inneren Struktur intelligent vernetzt und verwoben wird, funktioniert nicht nur im Sandkuchen. Jeder Baumstamm ist ein System, dem Jahr für Jahr eine neue Schicht, ein neuer Jahresring anwächst. Damit sich diese Jahresringschichten bei Belastungen innen nicht gegenseitig verschieben, lässt die Natur unter anderem Querdübel, sogenannte Markstrahlen, quer durch die Jahresringe durchwachsen. Das ist genau das Verbindungsprinzip unserer »Holz100«-Häuser.

Die umgesetzten Projekte sind bunt und vielfältig wie das Leben in all den verschiedenen Ländern. Unsere »Holz100«-Bauten reichen vom kleinen Ferien- und Selbstversorgerhaus bis zum Großhotel mit sieben Geschossen und Schwimmbad auf dem Dach; zu energieautarken Großbüros mit tausend Quadratmeter Bürofläche ohne Heiz- und Kühlkosten; zum elfgeschossigen Rathaus der holländischen Stadt Venlo; zum ersten Holzhochhaus in der Gebäudeklasse 5 in einer deutschen Großstadt (Hamburg), das auch innen in Holz beziehungsweise ohne Gipsverkleidung ausgeführt ist und alle Brandschutzanforderungen erfüllt; zum Universitätsbau in Moskau, zu Kirchen und Häusern in Japan, die auch das Jahrhunderterdbeben von Fukushima ohne Schaden überstanden haben; zu Bauprojekten in den USA von San Francisco bis nach Aspen, Colorado.

Zu den »Holz100«-Kunden zählen Menschen aus allen sozialen Schichten, vom Briefträger bis zur Königsfamilie Norwegens, von Waldbauern, die uns ihr eigenes Holz brachten, zu Industriemanagern der größten Konzerne Europas; von Selbstversorgern, die rund um ihr »Holz100«-Häuschen einen Garten anlegten, der tatsächlich eine kleine Familie zum Großteil das ganze Jahr hindurch ernährt, bis zu Mitgliedern der Eigentümerfamilie des größten Autokonzerns der Welt, für die wir ein Privathaus bauen konnten; nicht zuletzt der russische Staat und die Sberbank Russlands wie auch Kirchen und große Privatwaldbesitzer, die sich alle gleichermaßen für Umweltschutz und zukunftsfähiges Bauen interessieren.

Wir konnten Waldorfkindergärten, Alterssitze, Firmenzentralen und Produktionsstätten, klimatisierte Lager für ökologisch orientierte Pharmaerzeuger errichten. Das geniale Prinzip, mit dem die Bäume ihre Jahresringe verbinden, hat uns Baugeschichte schreiben lassen. In den Bereichen abfallfreies Bauen, Cradle to Cradle und Greenbuilding wird unsere Arbeit heute weltweit als Beispiel genannt.

Wenn ich einen Blick in die Zukunft wage, dann schaue ich zuerst auf den Schreibtisch meines Sohnes Florian, der inzwischen die Leitung unserer Forschungs- und Entwicklungsabteilung sowie die technische Geschäftsleitung übernommen hat. Da liegen wissenschaftliche Gutachten, die belegen, dass Holz beim Krankenhausbau besser dafür geeignet ist, krankenhausresistente Keime fernzuhalten, als alle bisher eingesetzten Materialien. Da liegen die Messberichte der neuen Häuser, die keine herkömmlichen Heiz- bzw. Kühlanlagen mehr benötigen. Dann, ein Lieblingsprojekt meines Sohnes, verschiedene Formen von Tiny Houses, auf die ich gleich noch zu sprechen komme.

Wer auf die Natur vertraut und dem Leben dienen will, dem gehen die Möglichkeiten und Themen nicht aus. Und: Es ist viel mehr als Romantik, wenn wir die Natur als Partner, Vorbild und verbundene Heimat begreifen. Ein dankbares Schauen auf die Welt ist sicherlich der bessere Begleiter als hemmungslose Allmachtsfantasie. Auch und gerade in der Welt der Technik, der Wirtschaft und des Geldes.

Häuser wie ein Baum und Städte wie der Wald

Nach einem meiner Vorträge stand ein Zuhörer auf und meldete sich zu Wort. »Ich bin Architekt und Gott sei Dank in Pension!« Mit dieser Aussage begann er seine Ausführungen, ehe er fortfuhr: »Ich will Ihnen erklären, warum ich sage Gott sei Dank. Die Menschheit baut seit Jahrtausenden ihre Behausungen und Unterkünfte. Bis vor rund 200 Jahren wurde das in verschiedenen Kulturen und Bauweisen im Wesentlichen mit nur fünf Baustoffen bewerkstelligt. Erst im 18. Jahrhundert kamen dann weitere zehn Materialien hinzu. All die schönen Gründerzeithäuser und Jugendstilbauten, die heute noch viele Altstädte prägen, sind aus nur fünfzehn Materialien entstanden. Diese Baustoffe, ihre Eigenheiten und ihre Anwendung, die hat natürlich jeder Fachmann vom Bauleiter bis zum Architekten bestens gekannt. Der virtuose Umgang mit der Materialität gehört genauso zum Architektenhandwerk wie die Formgebung. Es war eine für alle bekannte und durchschaubare Situation. Nach dem Ersten Weltkrieg kam die immer schneller werdende Veränderung. Die neu entstandene chemische Industrie entdeckte die Bauwirtschaft als großen Markt. Heute, man kann es kaum glauben, sprechen Experten davon, dass dem Architekten rund eine halbe Million (!) verschiedener Materialien, Bausysteme und Hilfsstoffe angeboten werden. Natürlich kann kein Mensch so eine Flut überblicken, geschweige denn Anwendungswissen und Umsetzungserfahrung haben. Kurzum, zwangsweise haben Architekten den Überblick verloren. Als Reaktion hat sich dann die ganze Zunft im Wesentlichen auf die Formgebung, nur auf das Design der Häuser zurückgezogen. Jemand, der sich nur um die Form kümmert, der vergisst leicht die ganzheitlichen Aspekte. Wenn aber bei der Formgebung die großen Lebensthemen wie Gesundheit, Auswirkungen auf die folgende Generation und auf die Natur oder auch nur die unmittelbaren Energie- und Raumklimafragen nicht vorrangig mitbedacht werden, dann kann das Ergebnis nur so aussehen, wie unsere Häuser heute aussehen!«

So weit die Wortmeldung des ehemaligen Architekten. (Seine Frau führte dann noch aus, warum die beiden jetzt im fortgeschrittenen Alter noch ein Holzhaus bauen.) Tatsächlich zeigt uns das Bild von der Jugendstilvilla, die aus fünfzehn bekannten und bewährten Baustoffen besteht, im Vergleich zum modernen »Chemiecocktailhaus« einen wichtigen Verbesserungsansatz. Bauen, wie auch alle anderen Aufgaben im Leben, kann nur dann richtig gut gelingen, wenn wir dabei die Unterstützung und Förderung des Lebens tief im Herzen haben. Im ganzheitlichen Sinn!

Die Möglichkeiten, die sich uns bieten, auf diesem Weg zu handeln, sind so vielfältig wie die Natur selbst. Um aber ganz konkret zu werden, seien hier einige Bereiche und Beispiele angeführt. Mögen dadurch viele Leser beflügelt werden, ihren eigenen Weg in Brüderlichkeit zur Natur und im guten Sinn für alle Wesen nach uns zu finden und zu gehen. Häuser wie ein Baum und Städte wie der Wald – so sollten wir wieder bauen und wohnen.

Erschwingliche Häuser für alle

Ein oft gehörter Einwand lautet: »Das ist alles gut und schön. Aber am Ende können es sich doch nur Menschen mit einer dicken Brieftasche leisten!« Dabei ist genau das Gegenteil der Fall. Die Wahl des Baumaterials beeinflusst die Kosten weniger, als man glauben könnte. Die Größe, die Quadratmeter Nutzfläche, die man beansprucht, ist mit Abstand der wichtigste Kostenfaktor. Wer also bereit ist, seine Ansprüche wirklich zu hinterfragen und sein Leben zu entrümpeln, der muss keine Kompromisse bei der Qualität eines Hauses eingehen. Die Reduktion seiner eigenen Ansprüche ist auch beim Bauen ein Zauberschlüssel, der viele Türen öffnet.

In diesem Sinn haben wir den Gedanken der sogenannten Tiny-House-Bewegung aufgegriffen und konsequent ohne synthetische Baustoffe und ohne belastende Chemie umgesetzt. Die transportfähigen, stapelbaren Wohnmodule werden bei uns Mobilien genannt, weil sie eben ein Leben lang mobil bleiben. Häuser, die einfach auf Punktfundamente gestellt werden und bei Bedarf gleich wieder verladen und wegtransportiert werden können, bieten ganz neue Möglichkeiten. So kann schon ganz zu Beginn in vielen Fällen auf den Kauf von teurem Baugrund verzichtet werden. Wer sein Haus mitnehmen kann, der braucht den Grund nur mehr zu mieten und erspart sich einiges an Finanzierungsvolumen.

Mobilie, Wohnbox, Tiny House, das klingt immer ein wenig nach Einschränkung, Gleichmacherei und beinahe abwertend. Dabei können die Mobilien auf vielfältige Weise gestapelt und zusammengefügt werden. Und je nach Lage und baugesetzlichen Möglichkeiten kann so eine Mobilie ganz einfach energieautark mit Fotovoltaik und Batteriespeicher und eigener biologischer Pflanzenkläranlage ausgestattet sein oder aber auch an vorhandene Anschlüsse angeschlossen werden.

Ein Riesenvorteil ist der Preis. Vollholzmobilien mit allen geschilderten Holz-, Nachhaltigkeits- und Gesundheitsvorteilen gibt es je nach Ausstattung und je nach Bereitschaft zur Eigenleistung im Bausatz schon zwischen 1200 bis 1500 Euro pro Quadratmeter. Wer handwerklich geschickt ist und seinen Flächenanspruch reduziert, der kann hier zu so geringen Kosten eigenen Wohnraum schaffen, wie es konventionell wohl kaum möglich ist. Es ist also eine ideale Entwicklungsmöglichkeit, ohne in die Schuldenfalle zu tappen.

Technikfrei und energieautark

Diese Variante empfiehlt sich für Puristen, die es wissen wollen. Bei fünfzehn bis zwanzig Prozent Glasfläche in der Außenwand, rund vierzig Zentimeter dicken Vollholzwänden als externen trägen Energiespeicher und dunklem Stein oder Lehmböden hinter dem südseitigen Glas gelingt es, ganz ohne Heiz-, Lüftungs- und Kühltechnik auszukommen. Unsere derart gebauten Häuser benötigen nur mehr lächerlich geringe Haustechnikkosten für eine kleine Warmwasseraufbereitung, Sanitäranlagen und Elektroinstallation. An den kältesten Tagen im Jahr kann die Raumtemperatur schon einmal auf achtzehn Grad Celsius sinken. Ein Schweizer Ehepaar erzählte mir dazu: »Wenn es auf achtzehn Grad geht, dann machen wir eine Fondueparty und wir liegen sofort wieder bei zwanzig bis zweiundzwanzig Grad Raumtemperatur!« Wer diese Methode zu rustikal findet, kann immer noch einen kleinen Holzofen installieren, oder mit einer kleinen PV-Anlage auch bei diffusem Licht genug Energie ernten, um ein Infrarotpanel zu erwärmen. In jedem Fall geht die Rechnung auf. Ein technikfreies und energieautarkes Haus liegt bei den Baukosten im unteren Mittelfeld, weil die wegfallende Heizung, Lüftung etc. enorm viel Geld einspart. Es ist sicher die kostengünstigste Art, ein autarkes

Null-Energie-Haus zu bauen. Noch dazu mit atmenden, diffusionsoffenen Wänden, garantiert schimmelfrei und mit der Lebenskraft des Holzes.

Oder ein Baumhaus im Garten

Um zu zeigen, dass wirklich beinahe jede Form mit so einer natürlichen Holzbauweise ermöglicht werden kann, sei hier unser Baumhaus vorgestellt. Es ist multifunktional und dient als Ferienwohnung für holzinteressierte Gäste zum Probewohnen und als Klausur- und Besprechungsraum zwischendurch, wenn im danebenliegenden Forschungszentrum gerade alle Plätze besetzt sind. Nicht zuletzt dient es dem Youtube-Kanal KenFm.de als Filmproduktionsort für die Gesprächsreihe TreeTV.

Das Baumhaus bietet auf der Plattform, inklusive kleiner Außenterrasse, gut vierzig Quadratmeter Platz. Nachdem rundum im Wald mehr Brennholz anfällt, als wir nutzen können, haben wir den Architektenentwurf nicht energetisch optimiert und an der Nord- und Ostseite relativ große, energietechnisch nicht ideale Glasflächen belassen. Die Aussicht über das Tal und im Sommer auf die darunter weidenden Pferde und Schafe ist einfach zu verführerisch. Aus diesem Grund gibt es einen Ofen, für dessen Beheizung den ganzen Winter hindurch zwei bis drei Raummeter Holz benötigt werden. Zusätzlich befindet sich im Bad ein Infrarotpanel, das von einer PV-Anlage gespeist wird.

Die Bäume kommen in die Stadt

Die größte Bedeutung haben Bäume und Holz aber in der Stadt. Was vielleicht ein wenig verwegen klingt, aber gute Gründe hat.

Die meisten Menschen leben in der Stadt. Dort werden auch am meisten Energie und am meisten Material verbraucht. In der Stadt ist also der Hebel zur Verbesserung des Bauens, zur Erhaltung der Mitwelt am größten.

Aber ist es in den Städten nicht besonders schwierig, mit dem Material der Wälder daherzukommen? Zunächst muss einmal gesagt werden, dass es nicht so neu ist, wie es vielleicht klingt. Beispielsweise verfügen die allermeisten der mächtigen Gründerzeitbauten in der Millionenstadt Wien über Vollholzdecken. Diese sogenannten Dübelbaumdecken wurden höchst brandsicher hergestellt, indem nicht einzelne Balken den Raum überspannen, sondern Kantholz an Kantholz dicht verlegt wird, sodass der Effekt einer dicken, vollen Holzplatte entsteht. Diese Vollholzdecken halten im Brandfall größere Hitze und längere Beflammungszeiten aus als manche moderne Ziegel- oder Betondecke. Volles Holz brennt bekanntlich nicht, es kann nur ganz langsam ankohlen (mit maximal 0,7 Millimeter Materialverschleiß pro Minute – auch bei höchsten Brandtemperaturen). Schon die alten Baumeister wussten, wie mit Holz die brandsicherste Decke hergestellt werden kann.

Aus dem historischen Beispiel ergibt sich ein Grundsatz, der im dicht verbauten Stadtgebiet noch wichtiger ist als auf dem freien Land. Wenn hier mit Holz gebaut wird, dann muss es immer und in allen Bauteilen möglichst dick, voll und massiv ausgeführt werden. Hinterlüftungen, dünne Skelettkonstruktionen etc. sind im Wortsinn brandgefährlich.

In der Stadt gibt es noch eine andere Herausforderung. Hier ist es meistens viel schwieriger, ganz energieautark zu bauen. In Baulücken beziehungsweise im innerstädtischen Kontext kann das Verhältnis und die Ausrichtung von Glas in der Außenhülle nicht so leicht optimiert werden. Hier braucht man in den meisten Fällen doch eine Heizung und auch eine Kühlung, weil die

Sommernächte zwischen Beton und Asphalt noch viel heißer und drückender sind als im Grünen.

Wie kann dieses Problem nun enkeltauglich gelöst werden? Wenn der Einsatz von Energie zum Kühlen und Heizen in großen Verwaltungsgebäuden, Sozialbauten und Wohnanlagen unverzichtbar ist, so müssen wir zwei Dinge überlegen. Erstens: Wie kann ich allen Energie- und Anlagebedarf so gering wie möglich halten? Zweitens: Welche Energiequellen kann ich im Sinne meiner Ziele anzapfen?

Beginnen wir mit der Frage der Energiequelle. Da gibt es zunächst auch in der Stadt die Sonne. Allerdings mit dem Nachteil, dass sie hier noch weniger zu den Zeiten scheint, zu denen der Energiebedarf da ist. Man denke nur an häufigeren Nebel durch städtischen Smog. Heizen nur mit der Sonne wird da im Winter schwierig. Allerdings gibt es in den Energienetzen noch eine verborgene Quelle. Energie wird nie gleichmäßig aus dem Netz entnommen. Zum Beispiel an einem eiskalten Montagmorgen im Winter ist die Entnahme besonders hoch. Alle Büros, viele Produktionsanlagen und auch das ganze Leben erwacht und fährt hoch. Das bedeutet eine Lastspitze im Netz. Im Gegensatz dazu wird zwischen Mitternacht und vier Uhr morgens extrem wenig Strom aus dem Netz genommen. Dieser schwankenden Entnahme steht ein viel gleichmäßigerer Energieeintrag in das Netz entgegen. Das heißt, Kraftwerke, Windräder, Sonnenkollektoren liefern ihre Energie in vielen Fällen nicht bedarfsgerecht ins Netz. Genau diese Differenz zwischen Entnahmespitzen und Überschüssen in abnahmearmen Stunden oder Zeiten sind die größte Herausforderung für jeden Netztechniker und -betreiber.

Ein Traum wäre es daher, große Abnehmer zu finden, die flexibel die Überschüsse aufnehmen oder gar speichern könnten. Manche Netzbetreiber bauen dafür zum Beispiel aufwendige Pumpwerke. Sobald wieder einmal Strom anfällt, den keiner braucht, werden große Wassermengen in hoch gelegene Becken in die Berge hinaufgepumpt. Das Wasser kann dann bei Bedarfsspitzen wieder auf die Turbinen hinuntergelassen werden. Dieses Verfahren ist zwar durch zweifachen Wirkungsgradverlust ineffizient, aber immer noch besser, als den »überflüssigen« Strom gar nicht zu nutzen.

Eine viel kostengünstigere und genial einfache Lösung liefern wieder einmal die Bäume: In einem mehrjährigen Forschungsprojekt haben wir ein Verfahren entwickelt, bei dem übermäßige Netzenergie in Vollholzdecken gespeichert wird. Und zwar im Winter als Wärme und im Sommer als Kälte. Fachleute nennen das Verfahren »Bauteilaktivierung« von Holz. Wir bauen innerstädtisch möglichst großflächige Vollholzdecken ein. In diesen Decken sind Leitungen integriert, wie wir sie von Fußboden- oder Wandheizungen kennen. Durch diese Leitungen wird nun von einer Wärmepumpe im Winter warmes Wasser und im Sommer kaltes Wasser gepumpt. Warum bringt das im Vollholz noch mehr, als es auch schon im Beton ermöglicht?

Holz ist der Baustoff, der am längsten braucht, bis er seine Temperatur verändert. Er ist also besonders träge. Das hat den großen Vorteil, dass ich zum Beispiel Kühlungsenergie, lange bevor es heiß wird, in die Decke schicken kann. Ich kann auch in kürzesten Zeitintervallen die Energiezufuhr verändern. Das träge Holz nimmt solche »Energiezufuhrstöße« in seinem Inneren auf, mischt sie ab und gibt sie am Ende als gleichmäßige Kühlungstemperatur von seiner Oberfläche in den Raum ab.

Eine Vollholzdecke ist rund fünfmal träger und langsamer im Wärmeaustausch als eine Betondecke. Daraus ergibt sich der entscheidende Vorteil. Während beim Beton die eingeleitete Energie sehr schnell im Innenraum landet, kann Holz Tage vorher Spitzen aufnehmen, in seinem Inneren abmischen und am Ende als gewünschte Durchschnittstemperatur in den Raum leiten.

»Der Wald ist ein Wunderort, an dem ewige Fülle herrscht. Obwohl ständig viel Material verbraucht wird, quillt das Leben gerade hier förmlich über. Dieses Wunder gelingt deshalb, weil restlos alles wiederverwendet wird.«

Zusammengefasst kann man sagen, solche Vollholzhüllen sind in der Lage, von kleinen Büros bis zum Hochhaus, von der Wohnung bis zu Schule und Krankenhaus eine ganze Stadt zu kühlen und zu heizen, ohne dass im Idealfall eine zusätzliche Kilowattstunde produziert werden muss. Solange man mit Heizkörpern und Kühlgeräten klimatisiert, erzeugt man im Netz enorme Lastspitzen und muss für diese Spitzen teure Spitzenlastkraftwerke bauen und instand halten. Aber es hilft nicht, ein Heizkörper kann nicht wochenlang Energie ansammeln und speichern. Nein, er springt an, wenn es kalt wird. Bei einem Kälteeinbruch springen dann alle Heizkörper der Stadt gleichzeitig an und der Netzbetreiber muss das Problem der Spitzenlast lösen.

Sobald wir nun die Vollholzdecke als Heizkörper nehmen, gibt es einen Abnehmer, der sich genau mit dem Überschussstrom begnügt und der niemals Spitzenstrom anrührt. Die Holzmasse ist ja in der Lage, tagelang Energie einzulagern und dieses Energiedepot dann langsam, gleichmäßig und ohne Luft- und Staubumwälzung als Strahlungsenergie in den Raum zu leiten. Die Bäume lehren uns auch hier, wie abfallfreie Wirtschaft funktioniert. Sogar den »Stromabfall« im Netz verwandeln sie in kostbare Wohnraumenergie.

Natürlich kann dieser Speichervorteil auch für andere Systeme verwendet werden. Man denke nur an die Sonnenenergie vom Dach. Auch anspruchsvolle Kühlungen können allein mit der Sonne vom eigenen Dach erledigt werden. Mit bauteilaktivierten Vollholzdecken wird die Stadt zum Energiespeicher, der alle

Überschüsse aufnimmt und dann zur Bedarfsspitze die Heizung oder im Sommer die Kühlung in die Häuser leitet. Damit sind beide wichtigen Fragen beantwortet. Wir können heizen und kühlen, ohne zusätzliche Kraftwerke beziehungsweise ohne Verbrennung fossiler Energie in Kauf nehmen zu müssen.

Und als Zweites übernimmt die Holzdecke ganz einfach alle Aufgaben bisheriger Heizkörper, Kühlgeräte, Fußboden- oder Wandheizungen etc. Das spart einen großen Anteil Investitionskosten und macht das Holz richtig wettbewerbsfähig.

Die schönste Rückmeldung zu dieser Technik bekam ich von einem älteren Haustechniker, der vorher an die hunderttausend (!) Quadratmeter Betondecken mit Bauteilaktivierung projektiert und gebaut hatte. Als er zum ersten Mal in einem Firmengebäude unter unserer Holzdecke stand und seine Messungen abgeschlossen hatte, sagte er zu mir: »Technisch funktioniert es mindestens so gut wie im Beton. Aber das Raumgefühl hier unter dem Holz ist ganz anders. Es fühlt sich viel besser und geborgener an. Das ist eine Weiterentwicklung, die ich nie für möglich gehalten habe!«

Die einzige Frage, die da noch offen bleibt, ist: »Wann fangen wir endlich damit an?«

Genug Holz?

Der nachwachsende Rohstoff Holz ist ein Schlüssel beim nötigen Umbau unseres Wirtschafts- und Gesellschaftsmodells von der zerstörenden Wegwerfwirtschaft hin zur zukunftsfähigen Kreislaufwirtschaft. Trotzdem wirft die Holzernte im Wald bei vielen Menschen Fragen und Bedenken auf. Dürfen und können wir für ein neues Leben und Wirtschaften so viele Bäume ernten? Auch wenn wir wissen, dass in den Ländern Europas sehr strenge Forstgesetze für lückenlose Wiederbewaldung mit stabilen und standortgerechten Baumartenmischungen sorgen, stellt sich dennoch die Frage, ob wir überhaupt genug Holz haben, um den Großteil der Neubauten damit zu bedienen. Oder sollen wir jetzt auch noch die Wälder leer plündern?

Diese Bedenken, die ja aus einer tiefen Sorge und auch Anteilnahme an den Wäldern entspringen, müssen in einem Buch, das die verantwortungsvolle Holzernte und die nachhaltige Forstwirtschaft als Grundlage der neuen Kreislaufwirtschaft empfiehlt, im Detail analysiert werden. An wissenschaftlichen Untersuchungen zu dieser Frage mangelt es jedenfalls nicht. Daher zunächst einige Zahlen: In Österreich beträgt die Waldfläche rund die Hälfte der Gesamtfläche des Landes. In Deutschland und der Schweiz liegt der Flächenanteil bei rund einem Drittel. Dieser Waldflächenanteil wird ständig mehr. Nicht zuletzt durch strenge Forstgesetze, die wilde Rodungen verhindern, aber auch durch Aufforstung und durch das höhere Hinaufwachsen der Wälder in bisher unbewaldete Flächen der Alpen (Stichwort Klimaerwärmung) breiten sich die Wälder in Mitteleuropa immer mehr aus. Vom Verschwinden der Wälder kann also keine Rede sein. Auf diesen Waldflächen wächst jedes Jahr sehr viel Holz zu. In Deutschland beträgt dieser Zuwachs pro Hektar und Jahr rund zehn Kubikmeter volles Holz. Die Forstleute nennen den Kubikmeter Holz, der in den runden Stämmen steckt, einen Festmeter. Der Gesamtzuwachs im kleinen Land Österreich beträgt pro Jahr rund 30,4 Millionen Festmeter. Geerntet wurden davon zuletzt 25,9 Millionen Festmeter im Jahr. In Deutschland ist das Verhältnis ähnlich, nur ist der jährliche Zuwachs durch die größere Landesfläche mit rund 120 Millionen Festmeter natürlich viel höher.

Dadurch, dass in praktisch allen europäischen Waldländern Jahr für Jahr weniger geerntet wird als nachwächst, steigt also nicht nur die Waldfläche in Hektar, sondern es steigt auch die Holzmenge, die auf dieser Waldfläche steht und stetig weiterwächst. Der Holzvorrat in den Ländern Europas nimmt jährlich zu.

Wenn man wissen möchte, wie viel Holz das genau ist, wendet man sich am besten an die Bundeswaldinventur, ein staatlich-wissenschaftliches Waldmonitoring, das darüber sehr genau Auskunft gibt. Auf dem Drittel der gesamtdeutschen Fläche, die bewaldet ist, steht laut Bundeswaldinventur eine Menge von rund 3,7 Milliarden Kubikmeter vollem Holz.

Versuchen wir uns eine Vorstellung zu machen, wie viel das ist. Würde man diese Menge in Kubikmeterwürfel füllen, also in Würfel mit einem Meter Seitenlänge, dann könnte man die Würfel so lange aneinanderreihen, dass ein Holzwall von einem Meter Höhe und einem Meter Breite entsteht, der 3,7 Millionen Kilometer lang ist. Allein der im deutschen Wald stehende Holzvorrat würde, in eine Holzwanne von einem mal einem Meter gefüllt, rund achtzigmal unseren Globus umrunden.

Erst wenn man sich eine Vorstellung über die gigantischen Holzmengen in den Wäldern der Erde macht, kann man verstehen, dass hier mehr Kohlenstoff gebunden ist, als in unserer ganzen Erdatmosphäre gasförmig enthalten ist. Und erst mit diesem Wissen verstehen wir, wie wichtig es ist, das Holz dieser Bäume, wenn sie am Ende ihres Lebens angekommen sind, dauerhaft in unsere Häuser und Städte zu verbauen. So bekommen wir noch einmal die Chance, auf einfache Weise und ohne zusätzlichen Aufwand, einen zweiten großen CO_2-Speicher neben den Wäldern anzulegen. Nur so können wir einen klimarelevanten Teil von dem CO_2, das wir in den letzten Jahrzehnten zu viel in die Luft geblasen haben, wieder in eine gebundene Form zurückbringen.

Doch gehen wir damit wieder zurück zu den Statistiken der Wälder. Der Holzvorrat des Waldes kann nur etwa zur Hälfte fürs Bauen verwendet werden. Die Bäume, die im Wald geerntet werden, enthalten verschiedene Holzqualitäten. Das reicht vom feinen Tischlerholz und kostbaren Instrumentenholz, das nur in äußerst geringen Mengen in ganz besonderen Stämmen gefunden wird, über die große Masse an gesunden und einigermaßen geraden Stämmen (Bauholz) bis hin zu extrem spitzen Wipfelstücken, Bruchholz und teilweise faulen Abschnitten von überalterten Bäumen. Dieses Holz von nicht mehr bauholztauglicher Qualität kann noch der Papiergewinnung oder Verbrennung dienen.

Im eigenen Interesse versucht daher jeder Förster und Waldeigentümer, so viele teure »Filetstücke« wie nur möglich aus seinen Stämmen herauszuschneiden, ehe der Rest in die Heizwerke oder in die Papier- und Pelletsfabriken wandert. Dazu wieder einige Zahlen der staatlichen Statistik, in diesem Fall aus Österreich: Im Beobachtungsjahr landeten 53 Prozent aller geernteten Stämme im Sägewerk, 29 Prozent kamen zur Energieverwertung und 18 Prozent landeten in Papierfabriken und Plattenindustrien. Anhand dieser Zahlen ist leicht zu erkennen, dass auch das immer wieder gehörte Argument von der Belastung der Wälder durch Heizwerke und Holzverbrennung ein Unsinn ist. Brennholz bringt mit Abstand am wenigsten Erlös ein. Kein Mensch wird daher einen gesunden Baum nur für die Brennholznutzung ernten. Vielmehr werden heute auch Holzabfälle thermisch genutzt, die früher oft verfault sind. Und diese Nutzung ist in jedem Fall besser als Erdölverbrennung.

Was bedeutet dieses Verhältnis der Qualitätsklassen für den Holzbau? Man kann davon ausgehen, dass aus rund der Hälfte der im Wald stehenden Holzmasse Häuser gebaut werden können. Um uns ein Bild zu machen, wie viel Holz in Deutschlands Wäldern steht, schauen wir, wie viele Vollholzhäuser das ergeben könnte. Nehmen wir für diese gedankliche Visualisierung ein mittleres Einfamilienhaus mit 150 Quadratmeter Wohnfläche. Nehmen wir an, dass bei der Qualität keine Abstriche gemacht werden und das Haus ein dämmstofffreier, je nach Standort ganz oder fast energieautarker Bau wird. Nehmen wir, um auf der sicheren Seite zu bleiben, einen hohen Rundholzbedarf von circa 200 Festmeter für dieses Haus an. Wie viele solcher Häuser stehen also als vorhandener Rohstoffvorrat in unseren Wäldern? Bei dieser Rechnung kommen circa 18,5 Millionen Häuser heraus. Pro Jahr werden in Deutschland aber nur ungefähr 100 000 bis 150 000 Ein- und Zweifamilienhäuser gebaut (was allerdings stark von der jeweiligen Wirtschaftslage abhängt und dementsprechend schwankt).

Zusammenfassend halten wir fest, dass unsere europäischen Wälder eine vollkommen gegensätzliche Holz- und Nachwuchssituation bieten, als es beispielsweise im südamerikanischen Amazonasgebiet der Fall ist. In Europa nimmt die Waldfläche laufend zu. Ebenso nimmt der Holzvorrat in den Wäldern je Flächeneinheit immer noch zu, weil weniger geerntet wird als nachwächst. Auch wenn wir – hoffentlich bald – den Raubbau in den Tropenwäldern beenden, stehen uns immer noch beeindruckende Holzmengen und – noch wichtiger – große, Jahr für Jahr nachwachsende Mengen zur Verfügung.

Wir dürfen aber nicht vergessen, dass der Wald ein dynamisches, sich ständig veränderndes System ist. Allein in den letzten drei Jahrzehnten haben wir Extremwettersituationen gesehen, die unsere Vorfahren nicht kannten. Auch hier sprechen die Forststatistiken eine deutliche Sprache. Hunderte Millionen Festmeter sind von Stürmen geworfen worden, Borkenkäfer und Trockenschäden konnten sich in den Wäldern ebenso in früher unvorstellbarem Ausmaß ausbreiten. Es ist also zu erwarten, dass in den nächsten Jahrzehnten durch extreme Wettersituationen mehr Holz anfällt, als wir Menschen ernten können. Das Schlimmste wäre, an dieser Stelle »Urwald zu spielen« und das Holz einfach liegen zu lassen. Beim Verfaulen im Wald würde alles gespeicherte CO_2 wieder in die Atmosphäre gelangen. Zur Erinnerung noch einmal: In den Wäldern der Erde ist mehr CO_2 gespeichert, als derzeit in der Atmosphäre gasförmig schwebt. Würde das CO_2 der Wälder zusätzlich freigesetzt werden, wäre die Erde mit einem Schlag für Menschen unbewohnbar. Um uns für künftige Klimaveränderungen zu rüsten, nützt es also nicht allein, die Wälder wieder mit sturmfestem Mischwald zu bepflanzen. Auch das anfallende Holz muss, soweit es nur irgendwie möglich ist, in unsere Gebäude verbaut werden. Es gilt der Grundsatz: Im Holz gebundenes CO_2 muss gebunden bleiben, solange es nur geht.

Die uns nachfolgenden Generationen werden mit der Situation zurechtkommen müssen, dass aus den Wäldern viel weniger Holz kommt, weil extreme Wetterereignisse schon »abgeräumt« haben. Es muss dann möglich sein, die inzwischen gebauten hölzernen Städte und Dörfer als neue, zweite Rohstoffquelle neben dem Wald anzuzapfen. Mit der Art, wie wir heute zum großen Teil unsere Bäume behandeln, wird diese wichtige Möglichkeit versperrt.

Und damit sind wir bereits beim zweiten Aspekt der Antwort auf die Frage, ob wir denn genug Holz haben.

Wie bereits ausgeführt, ist der Wald ein Wunderort, an dem ewige Fülle herrscht. Obwohl ständig viel Material verbraucht wird, quillt das Leben gerade hier förmlich über. Dieses Wunder gelingt deshalb, weil restlos alles wiederverwendet wird. Die Idee von Müll, Abfall und endgültig Unbrauchbarem gibt es hier nicht. Wenn wir Menschen nun auf das geniale nachwachsende Holz setzen, dann klinken wir uns in dieses System ein. Das können, dürfen und sollen wir auch. Aber damit es weiterhin funktioniert, müssen wir die Spielregel »Null Abfall« einhalten. Wenn wir aber das Gegenteil tun, indem wir Holz mit hochgiftigem Holzschutzmittel und Klebstoff, wie im Fall von verleimten Hölzern, untrennbar kontaminieren, dann stellen wir einen folgenschweren Systembruch her. Aus dem Kreislaufprodukt Holz wird durch unsere giftige Chemie plötzlich Bausondermüll. Das ist die Unterbrechung der Wiederverwertbarkeit, die trotz der beeindruckenden Waldinventurzahlen am Ende die unverzichtbare Holzquelle überfordern würde und sie damit in Bedrängnis brächte. Nur chemisch unbehandeltes und giftfreies Holz steht für den nächsten Nutzungszyklus wieder zur Verfügung. Spanplatte, Leimholz & Co. unterbrechen die Möglichkeit der wirkungsvollen Kreislaufwirtschaft.

Die Aufgabe, die vor uns Menschen liegt, heißt Umwandlung unserer heutigen Wegwerfwirtschaft zur Kreislaufwirtschaft. In diesem Prozess wird der Bedarf an Holz am Anfang, in der Umstellungszeit, sogar wachsen, ehe er dann deutlich zurückgeht.

Schauen wir uns das am Beispiel eines Hauses an. Betrachten wir zuerst ein typisches Haus der Wegwerfwirtschaft, auch wenn es bereits als Niedrigenergiehaus oder als Passivhaus ausgeführt ist. Dieses »moderne« Haus besteht aus einer beinahe unüberschaubaren Vielzahl an Materialien. Mengenmäßig den größten Teil bilden dennoch die oft synthetischen Dämmstoffe, verleimte Holz- und Gipsplatten, Folien und Klebebänder etc. Die Garantiezeit für das Bauwerk beträgt fünf Jahre. Nach maximal zehn Jahren gibt es im Inneren der Wand- und Dachkonstruktionen zunächst unbemerkte Veränderungen. Weichmacher aus den Klebebändern sind ausgegast, die Konstruktion ist bei Weitem nicht mehr so wind- und luftdicht wie bei der Übergabe. Einige Zeit später können daher erste Kondensatspuren auftreten. Im Inneren der Konstruktion kann es zu schwitzen beginnen. Beim Öffnen der Konstruktion zeigt sich dann auch in vielen Fällen erste Schimmelbildung. Kurzum, die Lebensdauer der Konstruktion ist sehr begrenzt, und es hängt von vielen individuellen Faktoren ab, ob eine erste Generalsanierung nach zehn, zwanzig oder dreißig Jahren nötig ist. Sanierungsfirmen sprechen jedenfalls von solchen Zeiträumen. Und wieder je nach Lage, Benutzung und

Pflege wird es einige Jahrzehnte dauern, bis die Entscheidung zum Abbruch kommt. Dieser Tag ist dann der Tag der Wahrheit. Nichts, so gut wie nichts der seinerzeit modernen Bausubstanz, kann in diesem Fall wiederverwendet werden. Vielmehr wird das Haus, für das die Bauherren teuer bezahlt haben, nun zu einer belastenden Hypothek. Bausondermüll ist der allergrößte Teil der Abbruchmasse, die zu horrenden Kosten je Tonne von Spezialfirmen übernommen werden muss.

Für das neue Gebäude, das in aller Regel dann am selben Platz gebaut wird, muss wieder mit großem Aufwand neues Material erzeugt und herangeschafft werden. Wenn abermals die ganze Reihe synthetischer Materialien eingesetzt wird, hat das erneut Umweltbelastung und hohen Energieverbrauch bei der Produktion zur Folge.

Dieses Beispiel kann natürlich mit allem durchgespielt werden. Mit Möbeln aus Spanplatten, die spätestens beim ersten Umzug weggeworfen werden, mit elektronischen Geräten, die so gebaut sind, dass sie ja nicht zu lange halten und auch nicht repariert werden können. Stichwort Wegwerfwirtschaft.

Das Gegenmodell der Kreislaufwirtschaft untersuchen wir zunächst ebenfalls am Beispiel Haus. Ein Kreislaufhaus ist in seiner Grundkonstruktion, also Wände, Dach und Decken, aus vollem Holz gebaut. Atmend ohne Dämmstoffe und ohne Folien beziehungsweise atmungsdichte Leimplatten. Die mechanische Dübelverbindung hält Jahrhunderte und kann danach einfach herausgebohrt werden. Giftige synthetische Stoffe kommen nie an das wertvolle Holz. Auch die Haustechnik ist rudimentär gering und einfach. Es gibt keine komplizierten Steuerungen, keine softwareabhängigen Teile oder Ähnliches. Die Herstellergarantie beträgt fünfzig Jahre, die tatsächliche Lebensdauer Jahrhunderte.

Sollte der Bau trotzdem vorher entfernt werden müssen, aus welchen Gründen auch immer, werden die einzelnen Wand-,

Dach- und Deckenelemente aus hundert Prozent Holz auseinandergeschraubt und ins Herstellerwerk zurückgefahren, wo sie herkommen. Dort bohrt ein mit Sonnenkraft betriebener Industrieroboter die Holzdübel heraus, kann so die einzelnen Bauelemente zerlegen und Brett für Brett, Pfosten für Pfosten wieder aufstapeln. Damit ist die Rohstoffquelle für das nächste Haus nicht mehr der Wald, sondern zumindest weitgehend das alte Haus.

Genau das ist gemeint mit dem Schlagwort Häuser wie ein Baum, Städte wie der Wald. Hätten schon unsere Eltern damit begonnen, ihre Bauten genauso zu errichten, dann könnten wir bereits heute einen Teil unseres Holzbedarfs für neue Häuser aus diesem Rückbau in Stadt und Land generieren. Da sie es aber nicht getan haben, ist genau das die Aufgabe für unsere Generation. Gut, dass in unseren Wäldern mehr Holz nachwächst, als wir derzeit ernten. Trotzdem wird der Holzbedarf stark steigen, wenn wir erst einmal nicht nur alle Häuser auf dem Land, sondern auch in der Stadt ganz oder teilweise aus Holz bauen. In dieser Situation immer noch mit gutem Gewissen von Fülle und einem verantwortlichen Umgang mit dem Wald zu reden erfordert auch von der Holzindustrie den Abschied von einer Wegwerfwirtschaft mit leimvergifteten Platten und eine Hinwendung zu hundert Prozent wiederverwendbaren Massivholzprodukten.

Das Beispiel der Kreislaufwirtschaft muss natürlich auch in allen anderen Bereichen umgesetzt werden. Im Folgenden einige Schlagwörter dazu:

Massivholzmöbel, die so gebaut sind, dass sie über Generationen vererbt werden und zumindest Jahrzehnte halten, sind nicht nur für unsere Nachwelt besser, sie sind am Ende auch viel kostengünstiger als der kurzfristige Tausch immer neuer, angeblicher Billigmöbel.

Geplanter Verschleiß in Industrie und Technik muss als Diebstahl an den kommenden Generationen verboten und wie jeder Diebstahl gesetzlich und gesellschaftlich geächtet werden.

In der Landwirtschaft und Nahrungsmittelindustrie müssen auch die Auswirkungen auf Gesundheit und Natur eingepreist werden. Es kann nicht sein, dass wir Spielregeln und Fördersysteme haben, die die artenvernichtenden Agrarindustrien mit unvorstellbar großen Monokulturen begünstigen und letztlich als Sieger hervorgehen lassen. Schauen wir auf die Forstwirtschaft. Dort gab es in der Nachkriegszeit einen ähnlichen Monokulturwahn. Heute sind die Förster in Mitteleuropa Vorreiter in puncto nachhaltiger Wirtschaft und Begründung von artenreichen Mischwäldern. Ein Förster, der heute noch allen Ernstes Fichtenmonokulturen predigt, würde aus dem Amt gejagt. Warum sollen wir von unseren Agrarpolitikern nicht den gleichen Einsatz für gesunde, biologische Lebensmittel und für eine artenreiche Landschaft einfordern?

Zahlen sind ein wichtiges Werkzeug zur Orientierung. Aber mit Zahlen allein ist die Welt nicht zu fassen. Das Leben ist kein mechanisches Uhrwerk, bei dem an einer Schraube nachjustiert werden kann. Gerade heute in einer von Informationen und digitalen Neuerungen überfluteten Welt ist es wichtiger denn je, dass wir Menschen begreifen, fühlen und verinnerlichen: Wir sind viel mehr als ein Klumpen logisch denkendes Gehirn! Wir haben auch ein Herz, Bauchgefühl und vor allem Mitgefühl.

Der nächste Entwicklungsschritt vom nur logisch und immer nützlich handelnden Individuum hin zum mitfühlenden und verbundenen Mitmenschen ist überfällig. Wir haben uns unglücklicherweise nicht nur von unserer Mitwelt abgeschnitten. Nein, wir haben unglaublicherweise sogar in unserem Inneren das Hirn vom Herz und vom Bauch getrennt. Jetzt ist die Zeit gekommen, all das wieder zu verbinden, damit sich die innige Verbindung zum Äußeren auch wieder einstellen kann.

9 Erinnerung und Erfahrung

Was wir von dem Wissen der Bäume lernen können

Auch wenn wir Menschen das lange Zeit nicht wahrnehmen konnten: Bäume haben offenbar die Fähigkeit, sich an für sie wichtige, einschneidende Ereignisse zu erinnern. Und das nicht nur für wenige Stunden oder Tage, sondern für lange Zeit. Eine Behauptung, die den gemeinen Naturwissenschaftler womöglich gleich zum Widerspruch herausfordert: Wie soll das funktionieren? Eine Erinnerungsleistung erfordert doch eine bewusste Wahrnehmung und Organe, die die geistige Leistung erbringen, also ein Gehirn, ein Nervensystem!

Bevor wir die Möglichkeit einer tatsächlichen Erinnerung bei den Bäumen weiter untersuchen, wenden wir uns einer Fichte vor meinem Haus zu und schauen uns ihre Lebensgeschichte einmal genauer an. Diese Fichte liefert nicht nur den Beweis für eine eindeutige Erinnerungsleistung. Sie ist obendrein noch in der Lage, aufgrund ihrer Erinnerung gezielte Handlungen zu vollziehen, die andere Bäume so nicht machen würden.

Die Fichte, sozusagen die Hauptfigur in diesem Stück, steht circa dreißig Meter von meinem Haus entfernt, direkt an der Grundgrenze zur Wiese meines Nachbarn, des Obertaxbachbauern. Weitere mitwirkende Personen sind Willi, der Obertaxbachbauer, sowie ein dritter, nicht unmittelbar angrenzender Bauer und weiterer Nachbar von mir mit Namen Markus. Zu erwähnen wäre dann noch eine Reihe von Zeugen. Allen voran Gregor Sieböck, in

Österreich als »der Weltenwanderer« bekannt. Gregor Sieböck war während des Beobachtungszeitraums eineinhalb Jahre lang mein Mitbewohner und hat gemeinsam mit mir die Geschehnisse rund um die Fichte verfolgt. Neben weiteren Gästen, mit denen wir immer wieder über das Thema gesprochen haben, waren natürlich meine Frau und meine erwachsenen Kinder die wichtigsten Zeugen. Da aber Familienmitglieder in den Verdacht kommen könnten, befangen zu sein, möchte ich sie nur erwähnen. Es stehen ja genügend andere Personen zur Verfügung, die diese bemerkenswerten Beobachtungen rund um die Fichte bezeugen können.

Ernten

Beginnen wir nun von Anfang an. Den ersten Teil der Geschichte, das Anwachsen und die Jugend unserer Fichte, können wir heute nur mehr gedanklich rekonstruieren, wie es hätte sein können. Es muss in den Zwanzigerjahren gewesen sein, als ein alter Mann, beladen mit seinem Werkzeug, Schritt für Schritt dem Wald entgegenstapfte. An seiner Seite versuchte sein Enkel das Tempo zu halten. Schweigend erreichten sie den Waldrand. Entschlossen gingen die beiden den Pfad zwischen mächtigen Fichten und Buchenstämmen hindurch, direkt auf den Rücken des Waldhügels. Dort standen die grobborkigen, alten Lärchen mit ihren himmelhohen Stämmen. Erst weit oben, für den kleinen Jungen unerreichbar hoch oben, ragten die ersten Äste aus den rotbraunen Stämmen. Winterkahl, windzerzaust zeichneten sie ihr struppiges Kronenbild gegen die schneebedeckten Berghänge der schattseitigen Berge. Der Alte legte die schwere Spaltaxt aus der einen Hand, die mitgebrachte Säge aus der anderen. Er nahm seinen Rucksack von den Schultern und holte daraus Keile und die leichtere Putzaxt heraus. Im Gegensatz zur klobigen Spaltaxt war ihr Stiel geschwungen und das Haus, der Teil des Eisens, der den Stiel aufnahm, viel schmäler. Er hielt kurz inne, warf einen prüfenden Blick den Stamm entlang in die Krone hinauf und griff dann entschlossen zur messerscharfen Putzaxt. Ist die ausgewählte Lärche drehwüchsig oder einigermaßen gerade gewachsen? Das war die alles entscheidende Frage. Er brauchte Zaunholz, »Lärchenstämpfi«, wie es hier genannt wird. Zur damaligen Zeit war es auf den Bauernhöfen undenkbar, Material zuzukaufen. Wie schon in den Jahrhunderten zuvor war Selbstversorgung die einzig bewährte und mögliche Wirtschaftsform. Das Leinen für die Bekleidung kam vom eigenen Flachsfeld, die Wolle von den Schafen, Nahrungsmittel größtenteils aus der eigenen Wirtschaft: Kartoffeln, Getreide und Milchprodukte wie auch Gemüse, Salat und Früchte aus dem Bauerngarten beim Haus. Ja, und der Wald, der war ebenso wichtig wie das Feld oder das Vieh im Stall, ein Ort der Ernte und des Säens.

Der Wald lieferte nicht nur das Bauholz für Haus und Stall und das Brennholz verlässlich Jahr für Jahr. Auch das Werkholz für den hölzernen Leiterwagen und Schlitten, Werkzeugstiele und Butterkübel, Dachschindel, Wasserrohre und eben Zäune wurde unter den Kronen der Waldbäume gewonnen. Die Menschen dieser Zeit konnten sich in hohem Maße in ihre Bäume hineinfühlen. Von Generation zu Generation wurde ein Wissen um Zusammenhänge zwischen Boden, Klima und Bäumen weitergegeben, das den Bauern die Geheimnisse der Holzfasern, Biegsamkeit, Härte, Dauerhaftigkeit, Bearbeitungsmöglichkeit und vieles mehr offenbarte. Nur mit diesem Wissen waren sie in der Lage, all die benötigten Gebrauchsgegenstände selbst und direkt aus dem eigenen Wald zu gewinnen.

Der Alte fühlte nun förmlich Stamm für Stamm die Möglichkeiten, die unter der Rinde schlummerten. Dennoch wollte er bei dieser Lärche auf Nummer sicher gehen. Gekonnt hieb er mit zwei Schlägen die dicke Borke so vom Stamm, dass unverhüllt und etwa handflächengroß das helle Holz zum Vorschein kam. Nun stieß er mit leichtem Schwung das scharfe Eck seiner Hacke in das weiße Holz, damit er einen feinen Span aus dem Stamm heben konnte. Mit der zweiten Hand fasste er den Span, zog ihn weiter heraus. Nahezu gerade lief dieser nach oben, ehe er an der beginnenden Borke abriss.

Zufrieden gab er dem Jungen seine Erklärung ab: »Schau her, der passt. Er ist nicht gedreht. Der Span läuft gerade nach oben, das heißt, der Baum ist kliebig (leicht spaltbar).« Der Enkel lauschte aufmerksam. Er wusste, bald würde auch seine Hilfe benötigt. Wieder ergriff der alte Mann die Axt fest mit seinen groben Händen, gekonnt entfernte er mit nur wenigen leichten Hieben die Stauden rund um den Stammfuß. Knapp über den gewundenen Wurzelanläufen entstand nun der Fallkerb. Eiserne Sägezähne drangen ins Holz, Axthiebe durchtrennten Holzfaserbündel, die jedes für sich Jahrzehnte für ihr Entstehen benötigt hatten. Schlag für Schlag spritzten helle Hackschnitzel aus dem Stamm. Das Eisen der Axt sang hinter jedem dumpfen Schlag ihren nachklingenden Ton in die Waldesstille hinein. Die Stille durchdringend, tönte dieses Lied zwischen den Baumsäulen hinaus.

Noch ist die moderne Technik der Motorsägen nicht im Tal angekommen. Noch wird der entscheidende Fällschnitt von Hand mit der Zugsäge ausgeführt. Das Fällen der einzelnen Zaunlärche war eine passende Gelegenheit, dem Jungen erstmals die Kunst der Altholzernte zu zeigen. »Denk nie ans Schneiden, nur sauber und ganz gerade zurückziehen. Du ziehst, die Säge schneidet. Ich habe sie gestern extra gefeilt.«

Die Späne, die aus dem Holz herausstieben, sind anfangs weiß und bald orangerot vom tiefer liegenden Kernholz. Sie zeugen vom Hineinbeißen der Sägezähne direkt ins Leben des Baumes. »Bleib langsam, nicht hetzen. Nur wer im Rhythmus bleibt, kommt hier ans Ziel.« An die zweihundert Jahre ist der Baum gewachsen, und an seinem Wurzelanlauf erfährt der Junge vom Alten aus dem lebenslangen Erfahrungsschatz des Menschen.

Sobald das Sägeblatt in seiner ganzen Breite im Stamm verschwunden ist, kommen die Keile zum Einsatz. Nichts wäre schlimmer, als wenn der Stamm zurückkippte, sich mit seinem ganzen Gewicht auf die Schnittfuge setzte und das Sägeblatt unlösbar einklemmte. Deshalb wird, so schnell es geht, ein kleiner Keil in die Schnittfuge hinter dem Metall des Sägeblattes gesetzt. Stolz beobachtet der Junge die Späne am Waldboden, den klaffenden Schnitt im Baum. »Weiter, wir schneiden jetzt zwei, drei Fingerbreit an den Fallkerb heran. Wenn der Baum dann nur mehr auf so einer schmalen Holzleiste steht, lässt er sich umkeilen. Genau dorthin, wo wir mit dem Fallkerb hingezielt haben. Wirst sehen!«

Wieder setzen die spitzen Zähne ihr Werk fort. Immer weniger bleibt noch bestehen von der Lebensverbindung zwischen Stamm und Wurzelstock. Tonnenschwer ruht der Stamm, die Krone auf dem Wurzelanlauf. Mit jedem Span, den er links und rechts aus der Schnittfuge schneidet, trennen die beiden das unterirdische Wurzelwerk vom oberirdisch hochgewachsenen Teil der Lärche. Endlich wird der große Keil mit der schweren Axt hineingetrieben. »Bleib jetzt da bei mir. Neben dem Baum ist der sicherste Ort.« Der Junge steht dabei und sieht das Schwingen und Aufschlagen am Keil, er spürt die dumpfen Schläge, das ruckartige Eindringen und das feine Erzittern des mächtigen Stammes bis in die Krone, bis in den letzten feinen Ast hinaus. Der Keil übersetzt die Schlagkraft des Mannes. Nur einige Millimeter muss er den Baum an einer Seite des Schnittes heben. Auf diese Weise neigt sich die Säule langsam inmitten der anderen hölzernen Riesen, genau in die offene Kronenlücke hinein, die der Alte vorausgesagt hatte. Die Axt in der Hand, tritt er zurück und sucht mit der anderen die Hand des Jungen. Sein Blick weicht dabei nicht vom fallenden Stamm. Wie oft hat er es schon getan? Wie oft hat er sie schon fallen sehen?

Aus dem anfänglich langsamen Neigen ist ein rauschendes Rasen der Krone geworden. Im Fallen streift sie Äste der benachbarten Fichten, reißt grünes Fichtenreisig mit, zerfetzt ihre eigenen ausladenden Arme dabei und schlägt vernichtend mit weithin krachendem Knall am Waldboden auf. Der Schnee stiebt hoch, der schwere Stamm, der anfangs so ruhig mit seufzendem Knarren über den Stock gekippt war, wird einen Augenblick nach dem brachialen Aufschlag der Krone hinten hochgewuchtet, um noch einmal mit tonnenschwerem Gewicht dumpf am Wurzelanlauf zur abgeschnittenen Stockfläche aufzuschlagen. Die zwei Keile, das glänzende Sägeblatt, sie liegen unvermittelt auf den frei gesägten Jahresringen des zurückgebliebenen Baumstocks. Als wären sie dort zufällig hingelegt worden, als hätten sie nichts zu tun mit dem Fallen des Riesen nach zweihundert Jahren, als hätte sie niemand mit klopfendem Herzen und mit Schweiß auf der Stirn gekonnt in den Stamm getrieben.

Dankbarkeit, dass alles gut gegangen ist, Respekt vor den losgelösten Gewalten des fallenden Riesen, vielleicht auch die wachgerufene Ahnung der eigenen Vergänglichkeit, all das liegt im Moment des Innehaltens. Still lauschen die beiden dem eigenen Atem, sehen die aufgewirbelten Schneekristalle wieder leise zu Boden sinken.

Die eigentliche schwere Arbeit, die kommt erst noch. Schon seit Jahren spürt der alte Mann das Schwinden seiner Kräfte. Unaufhaltsam wurden sie weniger. An diesem und jenem Handgriff merkte er die immer größere Anstrengung, die ihm abverlangt wurde. Vieles konnte er mit dem Vorteil (hier »Foaschtl« genannt) größter Übung und Geschicklichkeit ausgleichen. Doch gerade bei schweren, lang andauernden Arbeiten wurden seine Grenzen immer sichtbarer.

Wie würde das nun gehen, den mächtigen Stamm auseinanderzuteilen, mit nichts mehr als einer Axt? Zunächst wurden einige Abschnitte in Zaunpfahllänge vom Stamm geschnitten. Dann kam der erste an die Reihe. Aufmerksam untersuchte der Alte die Stirnfläche des schweren Holzrundlings. Tatsächlich, in der Mitte gab es einen kleinen Riss. Quer durch den Kern, den Mittelpunkt des Stammes, reichte er in beide Richtungen, etwa ein Viertel des Durchmessers vom Kern in Richtung Rand. »Genau hier wird er am leichtesten klieben (spalten).«

An der Stelle, an der dieser Riss in seiner Fortsetzung die äußere Rindenfläche erreichen würde, begann er nun mit der Putzhacke die Rinde zu entfernen. Und abermals konnte der Junge über das Geschick seines Großvaters nur staunen. Er schlug mit schräg zum Stamm gerichteter Schneide kräftig zu. Eigentlich hätte die Axt mit der scharfen Schneide bei so einem Einfallswinkel wirkungslos im Holz stecken bleiben müssen. Doch die geübten Hände ließen genau im Augenblick des schrägen Auftreffens der Schneide auf der Rinde leicht den Griff am Stiel los. Dadurch erhielt das Werkzeug einen Dreh, der den hinteren Teil der Axt, das sogenannte Haus, am Stamm aufschlagen ließ. Auf diese Weise änderte die Schneide nach dem Durchtrennen der Rindenhaut ihre Richtung. Der letzte Teil des Vordringens verlief nun nicht schräg, sondern genau in Stammrichtung. Eine Technik, die auch beim Entasten mit der Axt angewendet wurde. So konnten Rinde und Äste besonders sauber, eben direkt an der Stammfläche entfernt werden. Beim nur schrägen Hinhacken dagegen würden störende Stummel stehen bleiben.

Für den Jungen war es eine Freude zuzusehen. Mit jedem Schlag wurde ein handflächengroßes Stück der dicken Borke herausgehoben. Schlag für Schlag, dem Stamm entlang, entstand eine entrindete Bahn, Schlag für Schlag wurde frisches Stammholz freigelegt. Die weiße Holzrinne leuchtete genau dort den

Stamm entlang, wo der innere Riss nach außen zeigte. Nun wurde die Axt gewechselt. Mit der schweren Spaltaxt schlug der Alte genau auf diese gedachte Linie in der entrindeten Bahn. Schlag für Schlag setzte er die einschlagende Schneide jedes Mal eine Handbreit weiter, immer längs dieser Linie, an der der innere Kernriss genau nach außen zeigte. Die Einschläge der Axt folgten mit nur geringen Abweichungen von dieser erhofften Bruchstelle, blieben aber vorerst das einzige Ergebnis der schweren Arbeit. Als er sich die ganze Blocklänge durchgearbeitet hatte, atmete er kurz durch, ehe das Ganze wieder zurückging. Was für eine Plackerei! Muskelkraft und einfaches Werkzeug aus Holz und geschmiedetem Eisen waren alles, was zur Verfügung stand. Die Menschen waren zum Minimalismus gezwungen. Mit größtem Geschick, ausgeklügelter Werkzeugtechnik und genauer Kenntnis des Werkstoffs versuchten sie, jeden nutzlosen Aufwand zu vermeiden. Die sinnlos anmutenden Schläge auf das halbmeterdicke Rundholz waren jedoch keineswegs vergeudete Energie.

Der Alte war noch nicht ganz zurück am Ausgangspunkt, da rief der Junge: »Jetzt wird der Riss größer!« Zufrieden schlug der Alte noch einmal mit ganzer Kraft zu. »Jetzt haben wir ihn bald!» Tatsächlich ließ der letzte Hieb den Riss am Stammende fein nach außen wachsen. Er hob den Stiel an und konnte so die stecken gebliebene Axt aus dem Holz ziehen. In genau diesen zurückgebliebenen Spalt wurde nun ein Keil angesetzt. Es brauchte nur noch wenige Schläge, bis der Riss mit einem hellen Krachen außen am Stamm, genau in der vorgehackten Linie, erschien. Mit zwei, drei weiteren gezielten Schlägen von der anderen Stammseite aus ließ sich jetzt der ganze Baumstamm in zwei gleiche Teile zerlegen. Sie fielen auseinander, und jede der beiden Hälften hatte in ihrer gespaltenen Mitte die braune Markröhre. Der Alte hatte den einzig möglichen Weg gefunden, solch einen mächtigen Stamm zu spalten. Exakt durch die Mittelröhre, das Mark des Baumes – nur so ließen sich quer gewachsene Fasern, eingewachsene Äste und ähnliche beim Spalten unüberwindbare Barrieren umgehen.

Diese Art des Auftrennens behielt der Alte bei. Allerdings erfolgte das Vierteln nun von der Innenseite. Er schlug die Spaltaxt direkt auf den freigelegten dunkelbraunen Markstrahl. Die eiserne Schneide landete ein ums andere Mal sicher in der feinen braunen Röhre, als wäre diese ein Magnet, der den Axtstahl anzöge – wer ein Leben lang mit einfachem Handwerkszeug arbeitet, der entwickelt eine einzigartige Fertigkeit und in diesem Fall ein sicheres Ziel mit seinem Werkzeug.

Wieder führten die vielen Einschläge, die Summe der Kräfte, die das schwere Metall auf die schmale Schneide bündelte, zum unvermittelten Auseinanderbrechen des Halbstammes in zwei Viertelteile. »Der kliebt wirklich gut!« Wenn es zu keinen unvorhergesehenen Querbrüchen kam und das Holz weiterhin schön gerade in ganzer Länge spaltbar blieb, konnten aus so einem Viertelteil des Baumes vier bis sechs Zaunpfähle herausgeschlagen werden.

Irgendwann wird auch dem Buben die Axt in die Hand gelegt. »Es ist noch nicht wichtig, wie fest du schlägst. Fang damit an, dass du die Schneide genau auf dein Ziel legst. Genau auf die Markröhre. Kannst auch leicht dorthin klopfen. Dann ziehe aus und versuche nie krampfhaft zu treffen. Das geht immer daneben. Stell dir nur vor, wie die Schneide ganz genau die Mitte trifft. Sonst nichts. Du musst es nicht wollen, sondern spüren, wie du triffst, dann wird es schon.«

Mehrere Tagwerke benötigt es, bis aus der gerade noch hoch aufragenden Lärchensäule weit mehr als hundert Zaunpfähle geworden sind. Ein Vorrat, der wieder über Jahre reichen wird. Mit dem Pferdeschlitten heimgeschafft, steht noch das Spitzen und Entrinden an. Dann werden die mit so viel Mühe geformten Hölzer zum Trocknen unter dem Vordach des Heustadels am Feld gestapelt.

Zwei Jahre später werden die inzwischen trockenen Pfähle benötigt, am sumpfigsten Teil des Hofes. Im Norden sanft zum Wald ansteigend, war eine Mulde im Süden durch eine Felsrippe zur weiter abfallenden Böschung begrenzt. Diese natürliche Steinmauer hatte in der abschmelzenden Eiszeit einen kleinen See aufgestaut, der später mehr und mehr verlandete und zur Sumpfwiese zuwuchs. Hier gediehen gefleckte Orchideen, Wollgras, Binsen, mannshohes Mädesüß, lilafarbener Blutweiderich und allerlei verschiedene Distelarten. Es war die Wiese, auf der das saure Pferdeheu gemäht wurde; vom Rindvieh wurde die eigenartige Vegetation der feuchten Mulde weitgehend als zu hart und stachelig verschmäht. Erst dort, wo der Hang zu steigen begann, gab es kein stehendes Wasser mehr und die Flora wechselte unmittelbar in feines Bergheu. Das Reich der Kühe begann mit diesem Geländeknick.

Die Geschichte der Menschengenerationen, Erbfolgen, Lebenswege, wirtschaftlichen Zwänge und schicksalhaften Ereignisse hatten auch hier ihre Muster quer übers Land gelegt. Wege, ein kleiner Steinbruch an der Talseite der Felsrippe, der immer wieder zuwachsende Entwässerungsbach und natürlich die besitzeinteilenden Zäune. Sie bezeugten das Denken und Wirken der Menschen hier.

Quer durch unsere Wiese verlief solch ein Zaun. Alle drei Meter ragte ein Stempel des verwitterungsharten Lärchenholzes trutzig aus der schwarzen Moorerde. Jahrzehntelang halten sie aus, ehe sie am Fuß beginnen, wieder zu vermodern und zu Erde zu werden. Silbergrau leuchten sie in der Sommersonne, im weiß erstarrten Winterfeld werden sie mit ihren gelbgrünen Flechtengewächsen die einzig Bunten sein. Der stachelige Draht an den Holzsäulen zeigt der Sense des Mähers wie auch dem fressenden Maul des Viehs im üppigen Grün seine Grenzen. Die Stacheln selbst werden in kalten Raureifnächten des Winters zum Kristallisationspunkt märchenhafter Eisgebilde.

Der Zaun ist viel mehr als nur die ursprünglich gedachte Grenzlinie. Beim abnehmenden Mond mit dem klobigen Holzschlägel quer durchs Feld in die Erde getrieben, wird er zur eigenen, stachelbehüteten, unberührbaren Lebenswelt. Auch wenn es nur eine schmale Linie ist, wo Jahrzehnte oder gar Jahrhunderte nicht gemäht und gefressen werden kann, tauchen vielfältige Lebewesen auf, die sich dort, wo immer gemäht wird, nicht halten könnten. Vom Ameisenhaufen rund um das wetterzerfurchte Zaunholz bis zur dornigen Heckenrose – in der Wiese sonst nicht gesehene Pflanzen und Insekten bilden einen kleinen Grenzwall, einen eigenständigen Lebensraum zwischen Lärchenstempel und dem damals neuartigen Stacheldraht. Diese landschaftsprägende Gemeinschaft entsteht aus der einfachen Reihe hölzerner Pfähle – als trennende Grenze wird er vom Menschen errichtet. In diesem behüteten Lebensraum hat dann auch die Geschichte unserer Fichte begonnen.

Säen

In einem der darauffolgenden Frühjahrsmonate war es wieder einmal so weit. Hoher Schnee, klirrende Nächte und wochenlange, schneidend kalte Ostwinde hatten das Tal unerbittlich beherrscht. Doch unerwartet jäh sollte die winterliche Regentschaft beendet sein. Erste Föhnwolken hoch am Mittagshimmel kündigten eindeutig den bevorstehenden Wechsel der Jahreszeiten an. Bereits in der folgenden Nacht brach die warme südliche Luft über die Alpengipfel und hinunter in den letzten Kältesee der nördlichen Täler.

Was für ein Heulen rund um die Höfe setzte ein. Fensterläden klapperten, Eiszapfen begannen rasch zu tropfen. Bis zum nächsten Vormittag waren alle Schneepolster von den Bäumen gefegt.

Monatelang hatten sie unberührt die ganzen Bergseiten in ihr kaltes Weiß und Blau gehüllt. Eine einzige Föhnnacht änderte alles. Dunkel wogten nun die entblößten grünen Kronen im lauen Wind. Gespannt warteten die Menschen im Tal, bis auch die Berge den Bäumen gleich begannen, ihre Schneelasten abzuschütteln. Bald würden sich ganze Schneehänge von ihrem Untergrund lösen und tonnenschwere Nassschneelawinen sich ihren zerstörerischen Weg bahnen. Das Warten auf den Lawinendonner ist bang. Mindestens so bang wie die sommerliche Anspannung vor schwarz aufgetürmten Gewitterwolken. Bleibt es bei den gewohnten Lawinengassen, oder liegt heuer so viel Schnee, dass ein Überschwappen Unheil für die Almhütte bringt? Könnten die wasserdurchtränkten, schmutzig weißen Massen gar Feld und Weg, Mensch und Vieh im Tal bedrohen?

Indessen reagieren die Bäume schnell auf die hereinbrechende Wärme des Tauwetters. Den ganzen dunklen Winter über haben die Fichtenzapfen mit fest angelegten Schuppen glatt geschlossen am Altholz gehangen. Nun scheint die ersehnte Stunde der Erfüllung gekommen zu sein. Im letzten Sommer hat der Wald geblüht. Alles grüne Fichtengeäst war von herrlich anzusehenden weinroten Fruchtkörpern durchsetzt. Gleichzeitig trug jeder Windstoß gelbe Blütenstaubwolken durch die Landschaft. Die Fichtenwaldblüte war ein Schauspiel, das damals noch alle fünf bis sieben Jahre zu beobachten war. Erst seit den Achtzigerjahren verkürzten sich diese Intervalle merklich auf zwei bis drei Jahre. Umweltstress durch menschliche Emissionen und Klimaerwärmung nötigen die Bäume seither zu mehr Fortpflanzungsjahren. Wer seine Art in Gefahr wähnt, reagiert auf diese Weise. Doch zurück zu unseren Fichten am Rand der Sumpfwiese. Der Föhn ließ die auf ihren Abschied harrenden Samenkörner in den Zapfen erwachen. Es musste nicht lange so warm vom Berg herunterblasen, bis sich alle Schuppen spreizten, die Zapfen ihre kostbaren Samen dem

Wind entgegenhielten. Unvermeidbar kam die nächste kräftige Böe. Die Äste bogen sich. Tonnenschwer wurde aller Druck über den Stamm ins haltende Wurzelwerk übertragen.

Das ganze Gefüge gibt, wie wir wissen, durchdacht nach. Nach den Ästen biegt sich auch der Stamm, bis in die unterirdischen Wurzelstränge reicht das Nachgeben. Immer feiner zwar, dafür dosiert, verträglich aufgeteilt, wird der Druck im ganzen Körper elastisch abgefangen. Holzfasern werden dabei gespannt, Zellen gegeneinandergedrückt und am anderen Ende in die Länge gezogen. Mit leisem, knarrendem Seufzen vollzieht der Baum seine Nachgiebigkeit und übergibt in diesem Zuge seine Samen. Die dunklen, stecknadelkopfgroßen Körner mit den kleinen Flügeln lösen sich aus ihrer Wiege im Fichtenzapfen. Der Wind fährt unter ihre Flugsegel und trägt sie ihrer Bestimmung entgegen.

Es ist nicht ihr Ziel, sich ruhig aus der Krone zu lösen und geradewegs in den nächsten mütterlichen Schutz der Wurzelanläufe zu fallen. Für diesen Weg hätten sie keine Flügel benötigt. Wenn die Natur sich mit der kunstvollen Konstruktion der Flugvorrichtung abmüht, will diese auch benutzt werden. Die ungewisse Ferne, neue Gefilde, das Experiment ist der Weg des neuen Lebens. Sobald die Flügel gewachsen sind, ist es zur Gewissheit geworden. Der entscheidende Windstoß wird kommen. Der Abschied etwas früher oder später ist unaufhaltsam.

Ist das grausam? Der Wind achtet in keiner Weise auf seine Fracht. Jahrzehntelanges Mühen und Wachsen des alten Baumes, bis seine ersten Samen reifen konnten, scheinen ihm gleichgültig zu sein. Mit einem Stoß nimmt er Hunderte, ja Tausende der beflügelten Körner aus den Waldeskronen mit. Unbekümmert bläst er die kostbaren Baumsamen einmal hierhin, ein anderes Mal in die entgegengesetzte Richtung. Einmal weg vom fruchtbaren Waldboden, einmal hinaus auf die Felder. Was für eine Zerstörung aller Zukunftshoffnung in den kleinen Samen! Dort draußen auf freier Wiese wird zweimal jährlich gemäht und im Herbst noch einmal vom Vieh sorgfältig alles Grün abgeweidet. Niemals wird einer der Fichtensamen hier seine kleinen Triebe erfolgreich aus der Erde keimen können, niemals würde dort ein kleines Bäumchen überleben. Nun denn, die Natur bleibt der große Spielsaal, in dem alle Möglichkeiten als Einsatz auf den Würfeltischen landen. Von den Tausenden Samen, die mit ihren kleinen Flügeln hoffnungsvoll auf der Windböe über die schneebedeckten Felder hinaussegelten, sollten alle, alle bis auf einen einzigen, dem Untergang geweiht sein.

Dieses eine Samenkorn, das direkt neben dem lärchenen Zaunpfahl im Schutz von Holz und daran angenageltem Stacheldraht landete, sollte seinerseits ein gutes halbes Jahrhundert später dafür wieder die Chance bekommen, Hunderte und Tausende Samenkörner reifen zu lassen. Glück oder Zufall – es ist müßig, darüber bei der Entstehung des Lebens nachzudenken. Unser Bäumchen am Zaun wurde jedenfalls von der Gunst weiter begleitet. Den einen oder anderen Baum am Zaun ließen die Bauern gern aufwachsen. Bot er doch Schatten für das Weidevieh. Wurde es dann und wann zu viel an Bewuchs, ging einer mit der Säge durch und schnitt die Stauden zum großen Teil wieder weg. Unser Bäumchen am Zaun ist auch diesen Selektionen entgangen und zur stattlichen Fichte herangewachsen. Als ich sie zum ersten Mal genau betrachtete, war ich damit beschäftigt, den Bauplatz für unser künftiges Haus zu suchen.

Wachsen

Nach verschlungenen Wegen und Zufällen hat mich der Wind meines Lebens ein knappes Jahrhundert später ebenso an diesen Ort getragen. Da stand ich in grüner Wiese und wusste, hier sollte endlich der Traum vom eigenen Holzhaus für meine Familie und für mich entstehen. Meine Aufmerksamkeit galt nicht nur den ober- und unterirdischen Wasserläufen. Die außergewöhnliche Geologie mit Felsrücken auf der einen Seite und verlandetem, moorigem Eiszeitsee auf der anderen Seite des künftigen Hauses erforderte wohlüberlegte Vorbereitungen für das Fundament. Ein Teil des Hauses sollte ja unterkellert sein, der zweite Teil mit dem Schlafzimmer nur auf Natursteinen als Punktfundament ruhen.

Was mich damals sehr beschäftigte, war: Diese besondere Lebenswelt mit thymiandominiertem Trockenbiotop am Stein und daran anschließender artenreicher Sumpfwiese beschenkt jeden Betrachter, und sie wird uns alle, die wir hier wohnen werden, hoffentlich noch viele Jahre beglücken. Was muss ich dafür tun, dass es so bleibt? Was kann und darf ich zurückgeben?

Mit diesen Gedanken untersuchte ich Boden, Vegetation und eben unsere Fichte, die inzwischen wohl schon viele Jahrzehnte auf dem Buckel hatte. Ich sah ihre Wurzelanläufe, die, weit hinausreichend, von den schweren Tritten der Kühe freigelegt waren. »Sie hat es nicht einfach«, dachte ich, »von oben die Hufe, von unten die Nässe. Trotzdem ist so ein alleinstehender Baum ein herrlicher Begleiter. Alle Jahreszeiten und Witterungen werden sein Kleid verschieden schmücken!« Tatsächlich sollte mir, der ich Tausende Bäume gepflanzt und ebenso viele geerntet und mit meinen Mitarbeitern bis zum fertigen Haus verarbeitet habe, ausgerechnet diese Fichte am Zaun Geheimnisse der Bäume zeigen, von denen ich bis dahin keine Ahnung hatte.

Es dauerte noch einige Jahre, bis das Haus gebaut und bezogen war. Und es hat sich so ergeben, dass mein erster Blick beim Erwachen direkt auf die Fichte am Zaun fällt. Morgen für Morgen begrüßt sie mich. Zuerst habe ich mir dabei nichts Besonderes gedacht, so war es halt. Aber natürlich bekam ich so von dem Baum viel mehr mit, als man sonst an Bäumen beobachtet. Nur auf den ersten Blick ist es eine langweilige Wiederholung, tagtäglich denselben Baum anzusehen. Doch ganz im Gegenteil offenbarte mir das jahrelange morgendliche wie abendliche Nachschauen immer mehr von seinem Wesen. Treibt er schon aus? Welcher Vogel hat heute Abend aufgebaumt? Warum blüht er gar so übertrieben? Immer gelber werden die Nadeln bei dieser Trockenheit; hoffentlich halten die flachen Wurzeln bei dem Sturm; schau, die Dachse, wie sie in der Vollmondnacht unter meiner Fichte tollen!

Unendlich betrübt war ich, als im Mai 2012 ein außergewöhnliches Wetterereignis das Leben des Baumes zerstörte (wie das vonstattenging, werden wir gleich sehen). Doch schon im August begann die abgestorbene Fichte ihr großes Geheimnis zu offenbaren. Obwohl der Baum seit nun drei Monaten dürr, entnadelt, augenscheinlich von jedem Leben verlassen war, begann er sich auf eine geheimnisvoll anmutende Weise plötzlich heftig zu bewegen.

Offenkundig zeigte sein bis zu zwei Meter messendes Auf- und Abbewegen der Äste herannahende Wetterfronten an. Und tatsächlich behielt der Baum diese Bewegungen bei. Eifrig begann ich zu beobachten und fertigte bis zum Redaktionsschluss meines neuen Buches Ende September ein Kapitel über den eigenartigen Wetterpropheten an. Was ich zunächst nicht wissen konnte, zeigte mir die Fichte erst in den beiden Jahren danach. Vorerst hatte ich eine einfache Erklärung für dies Verhalten der Wetterfichte.

Im Folgenden noch einmal der Bericht aus meinem Buch *Die geheime Sprache der Bäume*, der damals aus der ersten Beobachtung entstanden ist.

Wenn ich erzähle, dass mir Bäume zuwinken, ja mit den Ästen gestikulieren, besser, als wir Menschen es mit den Armen könnten. Wenn ich ganz im Ernst behaupte, ich habe einen Freund, einen Baum, der ist zwar schon abgestorben, aber er winkt mit seinen Ästen, bei völliger Windstille wohlgemerkt, einen Meter auf und ab, und teilt mir dadurch mit, wie morgen das Wetter wird, ja da werden die meisten Menschen an meinem Verstand zweifeln. Aus diesem Grund will ich meine Leser nicht zu lange mit solchen Behauptungen quälen. Ich mache es kurz. Ja, an meinem Haus steht eine Fichte, die sich mit mir unterhält und ihre Äste wie Arme schwingt. Allerdings wurde sie heuer im Mai von einem Spätfrost arg heimgesucht. Sie hat vorher schon sehr gelitten. Das Weidevieh hat immer in ihrem Schatten gestanden. Dabei sind ihre flachen Wurzeln arg beschädigt worden. Der Boden an dieser Stelle, ohnehin nass und sumpfig, wurde derart verdichtet, dass die Krone des Baumes von Jahr zu Jahr lichter, die Nadeln kränkelnd gelber wurden. Diese Not hat vielleicht auch dazu beigetragen. In diesem Mai hat sie früher als andere Bäume zart und verletzbar ihre Knospen geöffnet. Nur einige Tage zu früh, denn es kam ein Kaltwettereinbruch mit Schnee auf den Bergen weit unter 1500 Meter Seehöhe. Im Tal regnete es. Dann, am Abend des zweiten Regentages, kündigte sich das Unheil an. Der Himmel wurde hell und heller. Die Wolkendecke riss auf, der Berggipfel des Bärenkopfes zeigte nur mehr eine kleine Wolkenhaube. Das war das untrügliche Zeichen für eine klare Nacht. Die kalte Nordluft noch im Tal, der weiße Schnee, der weit bis in die Wälder herunter ein letztes Mal vom gerade gegangenen Winter erzählt, und jetzt auch noch das Aufreißen der schützenden Wolkenschicht. Am nächsten Morgen, schon spät im Mai, viel zu spät für all die geöffneten Triebe und aufgeblühten Knospen, war das ganze Tal im strengen Frost erstarrt. Einige Grade im Minus malten mit ihrer Unerbittlichkeit den Reif, die tödlichen Eiskristalle auf die erwachten Frühlingsboten. Die Obsternte in diesem Jahr war verloren, manche Buche und Esche, die ebenfalls schon erste zartgrüne Blätter auf ihre Äste gezaubert hatten, zeugten mit braun verbranntem Kleid von der Vernichtungskraft des gefrierenden Frostes. Die Vitalen, Starken, Gesunden und Jungen unter den Bäumen konnten ihr Blätterkleid zum großen Teil im zweiten Anlauf reparieren. Hinter den braun gefrorenen Spitzen wuchs neues Grün nach. Für die Fichte in der Wiese vor meinem Haus brachte jene Frostnacht das Ende herbei. Sie war bereits geschwächt. Die Erfrierung der jungen Triebe vernichtete ihre letzte Hoffnung. Es dauerte nur noch zwei, drei Wochen, bis die restlichen Nadeln vertrockneten und vom Baum fielen. Die Rinde blieb noch am Stamme haften. Aber das Leben, der Saftstrom, die Fotosynthese war vorbei. Gespenstisch hingen noch die Zapfen in der Krone. Wer in der Pflanzenwelt sein Ende kommen spürt, der ist ja mit seinen letzten Kräften besonders auf Samenbildung, auf Nachkommenschaft bedacht. Normalerweise werden abgestorbene Bäume rasch entfernt. In diesem Fall aber hatte die Wiese rundherum saftiges Gras ausgetrieben. Niemand wollte mit dem Traktor hier hineinfahren und die Weide niederdrücken. Soll sie halt stehen bleiben, bis im Herbst das Feld gemäht ist. Es war kein Borkenkäfer in dem vertrockneten Stamm drinnen, auf diese Weise drohte also auch keine Gefahr.

Steht der Nadelbaum erst einmal nackt, von allem Grün entledigt, werden all seine Gliedmaßen, die Äste vom dicken Stammansatz bis zum fein herunterhängenden Ästlein, gegen den Himmel scharf sichtbar. Aus meiner Försterzeit kannte ich den Brauch der Holzknechte, einen langen Ast von einer eingetrockneten Fichte so mit seinem Ansatz an die Hüttenwand zu nageln, dass er sich frei auf und nieder bewegen konnte. Verlässlich wie am Zeiger des Barometers konnte man hier Hoch- und Tiefdruck, herannahende Schlechtwetterfronten ablesen. Stunden bevor sich Wetterumschwünge am Himmel zeigten, wanderten unsere Astbarometer nach unten.

Was tut nun die dürre Fichte am Wiesenzaun vor meinem Haus? Es ist August. Endlich, nach einem verregneten Juli, hat sich der Hochsommer auch im Bergtal durchgesetzt. Zwei Wochen lang gibt es Temperaturen um die dreißig Grad und nur ein einziges Mal zwischendurch einen unergiebigen Regen. Sonst unübliche Trockenheit und stabiles Hochdruckwetter in den Nordalpen. Zuerst, am Beginn der Hitze, schwärmten die Bauern ameisengleich auf ihre Wiesen. Die Heuernte war überfällig, das Gras schon lang. Endlich konnte gemäht, gekreiselt und gewendet werden. Ohne Gefahr und ohne Angst vor aufziehenden Gewitterwolken dörrte auf den Feldern herrlich duftendes Heu. Wintervorrat für das Vieh, der endlich und immer noch bei sengender Hitze zu langen Reihen »geschwadet« (gezogen) wurde, damit die Maschine es aufgreifen und staubtrocken in die Scheune bringen konnte. Wie oft sind ganze Höfe abgebrannt, nur weil das Heu noch halb feucht vor einem drohenden Gewitter eingebracht wurde. Solche Heustöcke beginnen dann zu gären und Selbstentzündung kann das Unheil unaufhaltsam auslösen. Kein Wunder also, dass solche stabilen Schönwetterphasen im Sommer für die Bauern das größte Geschenk darstellen. Das Wetter ist zu dieser Zeit Gesprächsthema Nummer eins. »Schau, der Nachbar mäht schon. Sollen wir es auch wagen, oder könnte es morgen dreinregnen?« Zwei, drei sichere Tage ohne Regen, ohne Gewitter oder Wetterumschwung, das wünschten sich alle hier im niederschlagreichen Norden der Alpen.

»Die Fichte vor unserem Haus
liefert nicht nur den Beweis für
eine eindeutige Erinnerungsleistung.
Sie ist obendrein noch in der Lage,
aufgrund ihrer Erinnerung
gezielte Handlungen zu vollziehen.«

Nun, in diesem August kamen beinahe zwei Wochen des Segens an einem Stück daher. Nach der ersten Woche war alle hektisch begonnene Feldarbeit getan. Auch die letzten Wegböschungen und Feldränder sind geheut worden, wie es hier heißt. In der zweiten Woche wurde es noch heißer. Südföhn wehte über die Alpen und trieb die Temperaturen hoch hinauf. Berg, Höfe und auch der Wald standen lautlos in der Hitze. Lediglich am kleinen See herrschte Betrieb, Gelächter und Gedränge. Ruhezeit, Zeit der Muße, Tage des Loslassens. Der heiße Wind aus dem Süden bringt nicht nur die Temperatur. Auch die Ruhe der Mittagsstunden, die dort im sonnigen Italien herrscht, wird für wenige Tage über die hohen Berge geblasen. Selbst ich bin nach den Tagen der Heuernte über Mittag im Haus geblieben. Die ungewohnte Arbeit lässt einen die Muskeln spüren, die sich im Büroalltag sonst niemals melden. Eine Runde zum eingelagerten, würzig duftenden Heu gehen. Das gemeinsame Getränk auf der Terrasse, alle genießen die Fülle der Sommerzeit. Ein Innehalten menschlicher Betriebsamkeit vom Wetter gegeben, wie es sonst vielleicht nur winterliche Schneestürme vermögen. Diese Hitze, die über dem Stoppelfeld flirrende Luft, die sogar die Konturen der dahinterliegenden wettergrauen Zaunpfähle verschwimmen lässt. Sie scheint die Zeit anzuhalten, diesen Augenblick niemals enden zu lassen.

Da, schau nur, mitten in der Lautlosigkeit, was tut die dürre Fichte am Zaun dort? Plötzlich, innerhalb von ein, zwei oder drei Stunden, hat sie ihre Äste, die weit ausladenden Hände mit den Fingern, die am Ende sogar nach oben gebogen sind, nach unten gedreht. Die dürren, scheinbar leblosen Äste biegen sich unvermittelt in die Gegenrichtung. Nach unten, ja nach innen zum Stamm biegen sich neuerdings die Spitzen. So arg, so dramatisch! Alle Zapfen und die feinen Lamettaäste, die sonst der Schwerkraft folgend lotrecht hängen, werden mit dem ganzen tragenden Ast nach innen gebogen. Schräg, beinahe waagrecht zeigen sie mit ihren Spitzen zum Stamm, anstatt, wie gewohnt, zum Boden hinunter. Was macht der Baum bloß? Zapfen, die sonst in der Krone hängen, sind künstlich gedreht? Alles Ausladende, nach oben Strebende, Breite und Offene krümmt sich angstvoll zum Stamm, dem tragenden, schützenden. All die Tage der Gluthitze hat die Fichte regungslos gestanden. Erwartungsgemäß dem ausgehauchten Leben entsprechend, ist der Dürrling in seiner letzten Körperform zum Gedenken ans letzte Frühjahr erstarrt.

Und nun, am elften, zwölften oder ist es schon der dreizehnte Tag der ungebrochenen Sonnenherrschaft, zur Mittagszeit, kurz nach dem Zenit, im reglosesten, heißesten Moment des Tages, verkrümmt er seine Zweige bis zur Unkenntlichkeit der alten Gestalt. Sogar den Wipfeltrieb, die kahl entnadelte Spitze, neigt er tief zur Seite, so weit er kann, in Richtung Boden.

Wer am gleißenden Sommertag jemals so eine unvermutete Bewegung der sonst an allem Geschehen unbeteiligten Dürrlingsfigur erlebt hat, die ganze Unheimlichkeit der augenblicklichen Zusammenkrümmung einer totgeglaubten Gestalt vor dem eigenen Angesicht verfolgt hat, der fragt sich, was hier vor sich geht. Wer kann da nicht verstehen, dass unsere Vorfahren, fernab von Medien und allgemeinen Informationsquellen, manche heute sonderbar klingende Erklärung abgaben? Mystische Naturgeschichten wurden von den Alten erzählt. Von schwitzenden Steinen und eben sich krümmenden Bäumen als Boten drohenden Unheils war da die Rede – Aberglauben? Was können wir aus der Gestik dieser Astbewegung lesen? Wovon erzählt die Bewegung des vom Lebenssaft Abgeschnittenen? Seine Botschaft soll sich rasch bewahrheiten.

Es ist bald vorbei mit dem Wind aus Italien. Die Augusthitze wird bald brechen, einer kühl heranwalzenden Nordluft weichen.

Der dürre Ast, der sich nach unten krümmt, hat immer schon das nasse, das kalte Wetter angekündigt.

Tatsächlich, unglaublich, wir, die erstaunt und beeindruckt die Gestik des Baumes verfolgt haben, sehen kurze Stunden nach der Ankündigung unserer Fichte schwarze Wolken im Westen, im oberen Salzachtal und auch schon über dem Hochkönig im Norden aufziehen. Jetzt laufe ich, um den Fotoapparat zu holen. So verkrümmt, so weit nach innen gebogen, haben wir die Fichte noch nie gesehen. Was kommt da bloß? Am Abend zuckten die Blitze von allen Seiten. Ungewöhnlich heftige Gewitterorkanstürme trieben peitschende, graue Mauern von Wassergüssen über Berg und Tal. In dieser Nacht hat es in Goldegg eine Reihe großer Bäume entwurzelt, armdicke Äste von Stämmen gerissen und herumgewirbelt. Am Morgen wälzte sich die Salzach noch kaffeebraun durch das Flussbett. Wer kann es unserer Fichte vorhalten, dass sie die heranbrausenden Stürme lange vor uns Menschen wahrnimmt, ihre Äste einzieht, so weit sie nur kann? Jede Angriffsfläche macht sie verletzbar, gefährdet sie. Am Himmel ist am Morgen vom nächtlichen Gewittersturm nicht mehr viel zu sehen. Einzelne Restwolken ziehen weg. Die Luft ist kühler, klarer, die Berge scheinen zum Greifen nahe zu sein. Keine Gefahr droht mehr. Was tut die dürre Fichte nun, nur zwölf Stunden nachdem sie zusammengekauert die Sturmgewalt erwartet hatte?

Im rechten Winkel, gerade hinaus, wie eh und je, spreizt sie ihre ausladenden Äste weit vom Stamm. Die Enden, die Spitzen ganz draußen, sind wieder nach oben himmelwärts hinaufgekrümmt. Die äußersten Federn der Adlerschwinge in hohen Lüften, die tun es gleich. Sie spreizen sich und krümmen sich vom langen, brettgerade gleitenden Flügel noch einmal ins Blau des Himmels hinauf.

Innerhalb von nur zwölf Stunden haben diese Astspitzen der

Fichte sich um ein, zwei Meter zuerst nach unten stammwärts und dann wieder zurück nach oben gebogen. Sie haben die Silhouette des Baumes dabei verändert, sodass die beiden Bilder, nebeneinandergelegt, beim ersten Betrachten den Anschein erwecken, als wären es zwei verschiedene Bäume. Erst der genaue Blick auf die Astansätze am Stamm zeugt vom gleichen Baum mit den dürren Ästen und den Zapfen, die vor dem Sturm nicht normal senkrecht nach unten hängen, sondern durch den verbogenen Arm liegend nach innen zum Stamm zeigen. Ihre Zeichen, ihre Gestik, alle Sinneseindrücke und Botschaften, die wir bewusst und unbewusst von den Bäumen, den größten Lebewesen, die uns umgeben, aufnehmen – sie können uns so viel sagen.

Eine unbedeutend erscheinende, dürre Fichte steht am Wiesenrand. Für die, die es sehen wollen und können, wird sie zum riesengroßen Wetterbarometer. Weithin sichtbar und feinfühlend. Wie viel, wie unendlich viel liegt da noch verborgen für all jene, die mehr und mehr von dieser geheimnisvollen Sprache der Bäume verstehen lernen.

So lautete mein Bericht aus dem Sommer 2012. Im Herbst ist dann mein Buch *Die geheime Sprache der Bäume* erschienen. Einer der Ersten, die ein Exemplar von mir geschenkt bekamen, war mein Nachbar Willi, der Obertaxbachbauer. Die Fichte stand ja an unserer gemeinsamen Wiesengrenze, aber auf seiner Seite. Sie gehörte also ihm. Verwundert las er meinen Bericht über den sonderbaren Dürrling. Warum macht das nur dieser Baum und die anderen nicht? Diese Frage konnte ich nicht eindeutig beantworten. Sie ging mir aber nicht aus dem Kopf und ich suchte nach einer plausiblen Begründung.

Tatsächlich fand ich da und dort ähnliche Fichtendürrlinge, die ihre Äste nicht immer im genau gleichen Winkel vom Stamm wegstreckten. Freilich ist es viel schwieriger, einen Baum regelmäßig zu beobachten, wenn er irgendwo im Wald steht, als wenn dieser vor dem eigenen Schlafzimmer gewachsen ist. Trotzdem, eine solch extreme Astbewegung, die sogar ihre Zapfen entgegen der Schwerkraft waagrecht zum Stamm hinkrümmt, um sie danach, bei anderer Wetterlage, wieder ganz unscheinbar herabhängen zu lassen, würde auch bei einer nicht täglichen Kontrolle auffallen.

Kurzum, es gelang mir nicht, irgendwo ein ähnlich auffälliges Verhalten eines Baumes, dürr oder auch noch grün, zu entdecken. Dafür sollte mir meine eigene Wetterfichte vor dem Haus die Antwort geben.

Zunächst aber brachte sie meine Überlegungen ordentlich durcheinander. Der Herbst war inzwischen gekommen und damit für alle Bäume die Zeit der großen Umstellung auf die Winterruhe. Laubfärbung und Fall der Blätter bei den Laubbäumen und Lärchen sowie die alljährliche große chemische Umwandlung vieler Inhaltsstoffe im Inneren aller Hölzer prägen diese Vorbereitungen. Ich fragte mich, was wohl meine Wetterfichte machen wird, wenn die kalte Zeit kommt und sich erste Schneefälle ankündigen. Bald war es so weit und ich sollte zunächst enttäuscht werden. Allen anderen Bäumen gleich verhielt sie sich jetzt vollkommen regungslos und wirkte total entspannt. In mancher Mondnacht beobachtete ich die Silhouette des entnadelten Fichtenbaumes, er blieb jedoch gespenstig leblos.

Bei jeder Wetteränderung, bei angekündigten Schneefällen wie auch bei Tauwetter, wartete ich gespannt auf ein vorauseilendes Zeichen meiner Fichte. Was anfangs wie ein entspanntes Abwarten auf mich wirkte, kam mir immer mehr wie ein Verstummen vor. Warum reagiert sie nicht einmal bei Winterstürmen oder bei schweren Schneefällen? Schwerer Schnee könnte ja immerhin Äste brechen und Stürme sind für Bäume zu aller Zeit eine Gefahr und Herausforderung. Die Fichte hätte doch einen berechtigten

Grund, die Äste anzulegen, um sich vor dem Sturm zu schützen. Oder einfach, um den schweren Schnee gefahrlos abrutschen zu lassen. Allein, es geschah nichts dergleichen. Ich kam mir in meiner Beobachterrolle langsam wie ein verschmähter Liebhaber vor, der von seiner Geliebten kein Zeichen mehr bekommt.

Die einzige Veränderung bis zum Frühjahr bestand darin, dass sie einige Zapfen verlor und auch ein Teil der dünnen Lamettaäste vom Wind abgepflückt wurde, sodass sich die wegstehenden Äste noch kahler, noch lebloser vor dem weißen Schneehintergrund abhoben.

Das Frühjahr kam, der Schneeschmelze folgte erstes Grün und ich blickte schon mehr aus Gewohnheit morgens und abends zu meinem Baum vor dem Zimmerfenster. Der lange Winter ohne erkennbare Bewegung der Fichte hat meinen Glauben an neuerliche Regungen und an vorauseilende Wetterinformationen schwinden lassen. Es wurde warm und wärmer. Im April begrünten sich die Wiesen mit den ersten warmen Regenfällen. An den Obstbäumen warteten die Blütenknospen angeschwollen auf das erlösende Aufplatzen und Aufblühen.

Meine Wetterfichte stand weiter tot und regungslos. Das Abbrechen erster größerer Äste zeugte von der beginnenden Verwitterung und Auflösung der Baumgestalt. Es schien sich zur Gewissheit zu verfestigen. Die heftigen Reaktionen vor den Wetterstürzen im letzten Sommer waren zwar ungewöhnlich genug, aber ihre letzten Zeichen des erlöschenden Lebens.

Dann kündigte sich noch einmal das Vordringen kalter Luftmassen aus dem Norden an. Es war im Grunde dieselbe Wettersituation, die ein Jahr vorher der Fichte ihr grünes Leben ausgelöscht hatte. Lediglich zwei, drei Wochen früher, dieses Mal kurz vor dem Aufblühen der Obstbäume, sollte es auf den Bergen weit, fast bis in die Täler hinunter, schneien. Unten im Tal würde kalter Regen kommen. Wie immer um diese Jahreszeit besteht dann höchste Spätfrostgefahr, wenn die Täler mit kalten Luftmassen gefüllt sind und beim Abziehen des Tiefdruckgebietes in der ersten Nacht die Wolkendecke aufreißt. Der erste klare Nachthimmel in Verbindung mit der noch vorhandenen Kaltluft – das ist das Rezept für tiefe Auskühlung und gefährlichen Frost. Genau diese Situation wurde von der Fichte vor meinem Fenster abermals bereits zwei Tage vor dem Frost mit der bekannten Vehemenz angekündigt. Noch bevor die Kaltfront hereinbrach und der Regen begann, klappte sie wie seinerzeit bei der Heuernte ihre Äste zusammen, bog sie gekrümmt nach unten. Wieder zeigten die sonst nach unten hängenden letzten Zapfen mit ihren Spitzen nach innen zum Stamm.

Wieso wird der Baum ausgerechnet jetzt nach der langen, bewegungslosen Winterstarre wach und zeigt die Kaltfront wieder so heftig an?

Tatsächlich gab es dann die Frostnacht, die in diesem Jahr aber weniger Schaden anrichtete. Zu diesem früheren Zeitpunkt hatten die allermeisten Bäume noch nicht die verletzbaren Neutriebe entwickelt.

Nach dem Frost wurde es wieder wärmer und die Fichte breitete innerhalb eines halben Tages ihre Äste in gewohnter Weise aus. Unvermittelt, als wäre nichts geschehen, standen die zuvor gekrümmten Äste binnen weniger Stunden wieder ganz entspannt im annähernd rechten Winkel vom Stamm weg. Die noch verbliebenen Zapfen hingen wieder gerade nach unten, wie wir das von allen Fichtenzapfen kennen. Natürlich war nun mein Interesse wieder voll geweckt.

Nach einem ganzen Jahr ohne eine einzige grüne, assimilierende Nadel würde jeder Biologe den Baum für tot erklären. Die Feinäste waren ja schon so weit verwittert, dass sie abgefallen waren, auch die Rinde löste sich bereits in erheblichen Teilen vom Stamm. Warum ist solch ein tot geglaubtes Holzgerippe in der

Lage, Äste um nahezu neunzig Grad zu verkrümmen und sie tagelang in dieser Stellung zu halten, bis das vermeintlich gefährliche Wetter verzogen ist? Welcher Steuermechanismus, welche physikalische Kraft richtet alles wieder gerade aus, sobald sich das Wetter beruhigt? Wieso findet das Ganze ausgerechnet jetzt statt und nicht im Winter?

Meine Aufmerksamkeit gehörte wieder voll und ganz dem Baum vor meinem Schlafzimmer. Gleichzeitig habe ich noch nie so viel Zeit für den Wetterbericht verwendet. Was geschieht beim nächsten Wetterumschwung? Der kam dann auch nach einer längeren Schönwetterperiode. Und es war zum Verzweifeln. Intensive Regenfälle waren angesagt und kamen dann auch. Allein, die Fichte bewegte sich keinen Zentimeter. Der nächste Winterschlaf kurz vor Sommerbeginn?

Ich brauchte noch zwei markante Wetterwechsel, bis ich den Baum verstand. Der Wetterumschwung, der ihn gar nicht berührte, war eine warme Regenfront ohne Schnee auf den Bergen und ohne Kaltluft. Im Lauf des Sommers gab es aber zwei markante Abkühlungen, richtige alpine Wetterstürze, die durch die bekannten Astkrümmungen präzise einen Tag vor dem Ereignis angezeigt wurden.

Jetzt erkannte ich das Muster: Ein Kälteeinbruch nach warmen Tagen hatte der Fichte ihr Leben genommen. Genau diese Situation kündigte sie verlässlich jedes Mal wieder vorher an. Es schien, als wollte sie vor der ihr bekannten Gefahr warnen. Die dürre, abgestorbene Fichte erinnerte sich offenbar an das Leid, das sie erfahren hatte – unglaublich.

Mag sein, dass der Begriff aus einer menschlichen Perspektive gedacht ist, aber ein Baum, der ohne Irrtum jedes Mal die Wettersituation anzeigt, die ihm selbst sein biologisches Leben gekostet hat, zeugt von Vorgängen, die uns Menschen unerklärlich sind, wofür ich aber das Wort »Erinnerung« verwenden möchte. Der

Baum erinnert sich an sein Trauma und kann die dafür verantwortliche Wetterursache genau erkennen. Andere unangenehme und gefährliche Situationen wie Dürre oder Stürme ließen den Fichtendürrling vollkommen unbeeindruckt. Die deutliche Reaktion der abgestorbenen Fichte zeugte von der Fähigkeit, kommende Wetterereignisse zu unterscheiden und danach zu handeln.

Als Nächstes interessierte mich, was im Herbst geschehen würde. Es kam nun immerhin schon der zweite Herbst und Winter nach dem biologischen Absterben des Baumes. Diesen Begriff wähle ich ganz bewusst, denn es gab ja auch jetzt, ein gutes Jahr später, noch die erstaunlichen Lebenszeichen der Pflanze.

Im Herbst geschah dann abermals nichts mehr. Offenbar erkannte die Fichte den kommenden Winter, erste Schneefälle und klirrende Kälte in Verbindung mit der Saftruhe, als ungefährlich. Und damit lag sie ja auch richtig. Jeder Baum in unseren Breiten beginnt bereits in der letzten Augustwoche mit den Wintervorbereitungen. Der Saftstrom wird eingestellt, chemische Inhaltsstoffe lagerfähig umgebaut und alle Verholzungsprozesse sind abgeschlossen. In diesem Zustand ist Frost vollkommen ungefährlich für Bäume. Warum sollte die Fichte also Alarm schlagen? Sie selbst hatte in ihrem Leben ja etliche Male die Erfahrung gemacht, dass die kalte Jahreszeit kein Problem ist. Im Winter war meine Wetterfichte ein beliebter Schlafplatz für einen Krähenschwarm. Gerade den kahlsten aller Bäume suchten die schwarzen Gesellen abends zum Übernachten auf. Diese Gesellschaft am vollends entkleideten Nadelbaum zeichnete manch unheimlich anmutenden Scherenschnitt vor dem Winterhimmel und dem weiß gebügelten Schneefeld auf der Wiese dahinter.

Im Frühjahr, zwei Jahre nach ihrem Absterben, war keine Rinde mehr am Stamm. Auch die Zapfen waren abgefallen. Ebenso fehlten nun alle dünnen Äste und Zweige. Dennoch wiederholte der dürre Baum sein Erwachen. Wieder krümmten sich die Äste vor einer Kaltfront. Das Astholz war jetzt bereits zwei Jahre schutzlos, ohne lebende Rinde, ohne heilende und abwehrende Harze, dem Wetter ausgesetzt. In seinen äußeren Lagen war es bereits von der Verwitterung angegriffen, von Pilzen leicht angefault. Dennoch reagierte es so unvermittelt auf eine schlimme Erinnerung des Baumes. Wo ist dieses Gedächtnis zu Hause? Wo und wie wird die Erinnerung so gezielt verarbeitet? Und vor allem: Wie ist es möglich, dass dieses scheinbar tote Holz so gezielte Bewegungen ausführt?

Bei Wetterumbrüchen ohne Kaltfront blieb meine Fichte vollkommen bewegungslos. Auch die konstante Winterkälte konnte ihr keine Reaktion entlocken. Große Schneefälle hat es in den beiden Wintern meiner Beobachtung gegeben, aber auch die berührten den Baum in keinster Weise. Nur in der Vegetationsperiode, in der warmen Zeit, in der die Bäume ihre zarten und verletzlichen Triebe austreiben, nur wenn in dieser Zeit plötzlich kalte Luft hereinbrach und das junge, zart gewachsene Leben bedrohte, zeigte der vermeintlich tote Baum eine panikartige Reaktion.

Nach zwei Sommern und zwei Wintern wurde die dürre Wetterfichte dann von meinem Nachbarn, auf dessen Grund sie gewachsen war, gefällt. Er wollte wohl vermeiden, dass sie von ihrer Rinde entblößt wird und somit ungeschützt zusammenfault. Oder dass sie am Ende gar auf das darunter weidende Vieh stürzt. Am zurückbleibenden Stock konnte ich zählen, dass sie knapp über hundert Jahresringe gebildet hatte. Mit den letzten beiden Jahren ohne Wachstum hatte sie ein gutes Jahrhundert an diesem Ort gestanden. Beim Zählen entdeckte ich noch mehr: ein kleines Bäumchen in ihrem Wurzelschoß. Wohl ein Kind aus ihrem Samen. Behutsam habe ich es auf meine Seite des Zaunes gepflanzt, damit ich mich um die nächste Generation meiner Wetterfichte kümmern und für ein gutes Aufwachsen sorgen kann. Die Mutter des Bäumchens hat mir ein einmaliges Beispiel für das Erinnerungsvermögen von Bäumen gegeben. Eine gezielte, offenbar auf das ursprüngliche Ereignis bezogene Abwehrhaltung wurde von ihr in ähnlichen Gefahrensituationen immer wieder angewendet.

Die Fichte hat mir aber noch etwas deutlich gemacht: Holz ist niemals totes Material. Vielmehr lebt im Holz alle Weisheit der Natur. Die ganze Schöpfungserfahrung ist dort in den gewachsenen Zellen verankert. Es reagiert auf seine Umwelt, atmet, nimmt Feuchtigkeit auf und gibt sie wieder ab und es interagiert auch mit uns Menschen. Unser Unterbewusstsein, all unsere feinen Messsysteme, die über Wohlbefinden und Entspannen oder über Stress und Alarmbereitschaft in unserem Körper entscheiden, erleben vom Holz in seiner reinen Form die wohltuende Geborgenheit und Lebenskraft der Bäume.

Inzwischen ist die kleine Fichte zu einem bald zaunhohen Baum herangewachsen. Handelt es sich wirklich um einen ganz neuen Baum? Oder handelt es sich einfach um die nächste Form des dahinfließenden Lebens, das sich materialisiert, zum Baum wird? An diesem Ort, an den einst der Samen geweht wurde und an dem dieser versuchte, das Beste für sich und das ganze verbundene Leben zu erreichen, um danach wieder zurückzukehren in den unsichtbaren Ozean aller Seelen und Lebensideen. Aus dem unerschöpflichen Nichts fließt alsbald die nächste Lebensidee im Samenkorn, wächst die nächste Fichte am Zaun. Uns Menschen mögen zwanzig, dreißig Jahre lang erscheinen, aber letztlich ist es doch nur ein Augenblick, bis wieder Mutterkühe mit ihren Kälbchen im Schatten der gewachsenen Fichte stehen.

Lebt in der kleinen Fichte auch ein Stück der Erinnerung und Erfahrung über die Gefährlichkeit der Spätfröste? In einer Zeit, in der uns die Wissenschaft lehrt, dass sich auch genetische Codes relativ rasch an Umwelterfahrungen anpassen, verändern können, kommt dieser Frage noch mehr Gewicht zu. Seltsam, in der Nacht bevor ich diese Zeilen aufschrieb, hatte ich einen sonderbaren

Traum, in dem mein eigenes Leben mit dem Leben meiner Kinder und den Enkeln untrennbar zusammenfloss, eins wurde. Jetzt, am verbliebenen Stock der Wetterfichte und dem daneben aufstrebenden jungen Bäumchen, fällt es mir schwer, zwei getrennte Pflanzen, zwei abgesonderte Lebewesen zu sehen. Das Eine geht ins Nächste über. Und wenn wir nur versuchen, an unseren tiefen Ursprung und an unser großes Ziel zu denken, dann verschmelzen alle Tropfen zu einem großen Ozean. Was für ein Geschenk, was für ein Trost ist es doch, auch sich selbst im nicht versiegenden Fluss des Lebens, in einer mit allem verbundenen Schöpfung zu wissen.

»Holz ist niemals totes Material.
Vielmehr lebt im Holz alle Weisheit der Natur.«

10 Die Spielregeln des Waldes

Was uns die Gemeinschaft der Bäume schenkt

Es hat Zeiten und Menschen gegeben, die sich mit der Natur vollkommen verbunden gefühlt haben. Eine solche Haltung wird beispielsweise durch die Legende vom heiligen Franziskus überliefert. Er hat die Verbindung zur Natur, zur Schwester Sonne, zum Mond und zum Bruder Baum radikal über einen Lebensentwurf gesetzt, der Macht und Besitz zum zentralen Ziel hat. Heute hingegen baut unser vorgeformtes, rationales Denken oftmals große Barrieren zwischen uns und der Natur auf. In den Augen der Kinder besteht zunächst eine untrennbare Einheit zwischen der Welt und dem Menschen. Erst später lernen sie die Natur in nützlich und wertlos, brauchbar und unbrauchbar, freundlich und unfreundlich einzuteilen. Derlei Einteilungen separieren uns aber auch – vom Leben um uns herum, von der Schöpfung. Sie versetzen uns plötzlich in die Rolle eines einsamen Fremdkörpers. Das biblische Wort »Werdet wie die Kinder« (Mk 10,15) weist uns eine Richtung, die hilfreich ist auf unserer Suche zu neuer Verbundenheit mit der Natur.

Wie notwendig es ist, wieder eine liebevolle Verbundenheit zur Mutter Erde zu finden, zeigt der Blick auf unsere vermeintlich hoch entwickelte Gesellschaft. Wir versuchen uns in einer regelrechten Gewaltherrschaft über die Natur. Diese Gewalt beruht auf einem Denken, das uns Menschen nicht als einen Teil sieht, der liebevoll in das Ganze eingebettet ist. Vielmehr begreifen wir uns weitgehend als lenkenden Kutscher auf dem Bock, der das Gefährt in die Richtung führt, die am meisten Spaß, Besitz, Macht oder sonst was verspricht. Aus dieser Verblendung heraus haben wir das Dasein unserer modernen Industriegesellschaft auf denkbar schlechte Säulen gestellt. Wir haben aufgehört, auf eine verbindende Liebe als größte Schöpfungskraft zu vertrauen. Vielmehr glauben wir tatsächlich, dass die Zerstörung unseres Planeten, die Ausbeutung der Erde, das Auslaugen der Böden, die Verschmutzung der Weltmeere und letztendlich auch die Zerstörung des schützenden Weltklimas in Kauf genommen werden muss, um unseren derzeitigen Wohlstand zu erhalten. Was für ein trauriger, fataler, folgenschwerer Irrglaube!

Wir sind das erste Wesen auf der Erde, das die Schöpfung bekämpft, die uns hervorgebracht hat. Wo ist unsere Liebe, unsere Begeisterung, unsere Dankbarkeit gegenüber dem Bruder Baum, gegenüber der klaren Quelle und der Fülle irdischer Artenvielfalt geblieben?

Werfen wir einen Blick auf unsere Sprache, die sehr präzise zeigt, welche kulturellen Prägungen und Handlungsmuster im Alltag zur Geltung kommen. Gerade im Wirtschaftsleben ist dies zuvorderst eine Sprache des Krieges und der Gewalt. Da werden »Märkte erobert«, »neue Gebiete besetzt« und »Mitbewerber besiegt«. Unternehmen wollen keinesfalls »aus dem beherrschten Terrain« zurückweichen, sie kämpfen für eine gute Bilanz und nicht selten wird die »Moral der Truppe« beschworen. Diese militärischen Ausdrücke weisen darauf hin, dass wir immer noch auf Kampf und Gewalt als wirksamste Mittel und als letzte Instanz zum Erreichen des gewünschten Erfolgs setzen.

Die Kombination aus Macht und Gewalt kann kurzfristig erstaunlich gut funktionieren. Es gibt dabei aber einen gefährlichen Haken. Solche Helfer wird man nicht mehr los, wenn sie erst einmal gerufen wurden. Wer sich Gewalt zu Hilfe holt, der sät diese aufs Neue wieder aus. Gewalt ist ein Teufelskreis, der seine Anwender immer begleitet. Die Ernte so einer Saat kommt immer wieder auch zum Absender zurück. Selbst wenn es oft trügerisch lange dauert. Außerdem wirken Macht und Gewalt gefährlicher als jede Droge. Sie können den vernünftigsten Menschen verblenden und in die Irre leiten. Gerade die schnellen Siege, die Scheinerfolge sind gefährlich. Sie verleiten leicht zum sinnlosen Krieg, der dann in die Selbstzerstörung mündet. Die Geschichte der Menschheit ist voll mit Beispielen dafür.

Auch mit einem rücksichtslosen Ausbeutungsverhalten gegenüber der Natur haben wir kurzfristige Entwicklungsziele erreicht. Einzelne Gruppen haben dabei unvorstellbar viel verdient, Macht und weltweiten Einfluss gewonnen. Und wer erst einmal in solch einer Position ist, der will diese um jeden Preis verteidigen. Es ist nicht übertrieben zu sagen, dass unsere moderne Zivilisation in einen alle Lebensbereiche infiltrierenden Kampf eingetreten ist. Wir führen Krieg gegen den eigenen Planeten. Wir beuten die Erde aus und missbrauchen sie als Müllhalde. In unserem neoliberalen Wirtschaftssystem haben wir das Sägen am eigenen Ast zugunsten des kurzfristigen Profits einiger weniger zur Handlungsmaxime gemacht. Sobald diese Art von Gewalt erst einmal als Mittel akzeptiert wird, beginnt sie sich krebsartig auszuweiten, ehe sie in die totale Unfähigkeit mündet, ganzheitlich, respektvoll, sozial und ökologisch verantwortungsvoll zu handeln. Wer Gewalt gegen die Natur ausübt, der wird bald auch wehrlose Menschen finden, die unter Gewaltanwendung Profit abwerfen.

Die Schwachen werden brutal ausgebeutet. Wer kann, verlagert seine Produktion dorthin, wo Menschen zu Sklavenbedingungen arbeiten. Es gibt genug Berichte über dieses dunkle Kapitel unserer ökonomischen Realität. Demokratische Entscheidungsstrukturen, nationale Regierungen und Parlamente werden zunehmend entmachtet. Die Spielregeln unserer Gemeinschaft sollen zunehmend von den Interessen der globalen Finanz- und Konzernzentralen beeinflusst und geformt werden. Dadurch entsteht eine Situation, in der es besonders schwierig ist, soziale, ökologische und nachhaltige Kriterien zu Entscheidungsgrundlagen zu machen.

Auch oder gerade mit einer positiven und lebensbejahenden Weltsicht wird klar, dass wir mit einem solch destruktiven Verhalten keine zukunftsfähige Saat ausbringen werden. Wie können wir etwas verändern? Wo sollen wir beginnen? Führt solch eine Bestandsaufnahme für den Normalbürger nicht zu Lähmung und Resignation?

Wenn wir unser aktuelles System als unveränderbar betrachten, dann wäre es in der Tat besser, erst gar nicht hinzuschauen. Aber es gibt höchst erfolgreiche Lebensgemeinschaften, die uns genau das Gegenteil von unserem kapitalistischen System vorleben. Und nichts ist stärker als eine Idee, deren Zeit gekommen ist. Denken wir nur an die erwähnten Beispiele der Natur. Als das Chlorophyll erfunden war, war die explosionsartige Grünwerdung des Planeten nicht mehr aufzuhalten. Ähnlich war es bei der Erfindung des winterharten und statisch belastbaren Holzstoffes. Sobald sie geschaffen waren, haben die Bäume blitzartig und unaufhaltsam die Erde besiedelt.

In der Geschichte finden sich zahlreiche Beispiele. Wie oft sind schon etablierte und scheinbar unbezwingbare Machtsysteme plötzlich zusammengebrochen. Und nur aus einem einzigen Grund: weil bessere Entwürfe die Herzen der Menschen erreichten. Nichts, was unverrückbar erscheint, ist von Dauer. Nichts ist so gewiss wie der Wandel. Gerade deshalb ist es aber so wichtig, unseren Blick dorthin zu lenken, wo wir die guten, kraftvollen Beispiele für eine zukunftsfähige Umgestaltung unserer heutigen Handlungskonzepte finden. Immerhin sind unsere Aufmerksamkeit und unser Nachdenken der Dünger für die Dinge, die dann in der Wirklichkeit wachsen. Versuchen wir einmal ganz bewusst, unsere kostbare Lebenszeit von der rasenden Medienwelt frei zu halten und stattdessen die Neuigkeiten des Waldes, die Botschaft der Bäume in unser Herz zu lassen.

Warum lernen wir nicht von den Spielregeln und der Sprache des Waldes? Immerhin leben Bäume in fein und intelligent verwobenen Sozialsystemen, die sich nach dem Grundsatz gebildet haben, das Leben zu fördern. Wen im Wald interessiert schon ein Quartalsergebnis? Hier zählt nur, was lange von Bestand und für alle gut ist.

Hier geht es vorrangig darum, nicht zu schnell, sondern gesund und organisch zu wachsen. Alle Wertstoffe müssen im gerechten Maß bei den Beteiligten ankommen. Jede Wurzelspitze und jede scheinbar unwichtige Tannennadel muss gut versorgt werden. Diese setzen sich umgekehrt mit all ihren Möglichkeiten für das ganze System, den Baum ein. Die maximale Gesundheit ist hier das Ziel und nicht monopolartige Größenmaximierung eines Einzelnen. Wenn ein Baum groß und stark geworden ist, dann verwendet er seine Kräfte nicht mehr für weiteres Wachstum und Expansion. Vielmehr tut er alles dafür, die Lebensgrundlagen für sich, für die anderen und vor allem für seine Nachkommen zu erhalten und wenn möglich zu verbessern. Er stellt deshalb irgendwann sein Höhenwachstum ein. Bäume wachsen sprichwörtlich nicht in den Himmel. Einmal ausgewachsen, kümmern sie sich um Bodenverbesserung, Humusbildung, Luftreinigung, Wasserspeicherung und weitere Dinge, die für den Wald gut und wichtig sind.

Es ist nahezu revolutionär, nur diesen Gedanken auf die Wirtschaft umzulegen. Man stelle sich vor, wie unsere Welt morgen aussehen würde, wenn wir heute Rahmenbedingungen schafften, die nur die Hälfte der sogenannten »Kriegskassen« der Großkonzerne, die für Expansionen vorgesehen sind, zur Entwicklung einer lebenswerten Welt einsetzen würden.

Weiters gilt im Wald das eiserne Gesetz der möglichst dezentralen Entscheidung. Alles, was vor Ort entschieden werden kann, wird dort autonom gelebt. Monopolismus und Machtausdehnung über die Grenzen des lokalen Handelns hinaus sind hier vollkommen undenkbar. Aus der biologischen Forschung kennen wir die schönen Beispiele von Bäumen, die dem Boden möglichst viele Nährstoffe (Spurenelemente) entnehmen, solange sie um ihre eigene Existenz ringen. Sobald sie es aber geschafft haben, ein stabiles Wurzelwerk, einen starken Stamm und eine große Krone im Sonnenlicht auszubilden, schränken sie ihre Nährstoffaufnahme zugunsten ihrer Nachkommen ein. Entscheidend für die Einleitung dieser »Programmveränderung« ist das Keimen. Wer seine Nachkommen heranwachsen sieht, der denkt um.

Bäume sorgen demnach gezielt dafür, dass der Tisch auch für die Nachkommen noch gedeckt ist. Daraus kann geschlossen werden, dass Bäume sozial handeln. Anstatt ungehemmt weiter die eigene Position auszudehnen, kümmern sie sich um das Gemeinwohl, sobald sie selbst stark genug und abgesichert sind. Sozial- und Umweltromantik? Die Weisheit des Waldes ist einzig mit der Förderung des Lebens an sich beschäftigt. Mit romantischen Projektionen hat das nichts zu tun. Hier geht es nur um die Ergebnisse des Handelns.

In der Geschichte gab es durchaus menschliche Kulturen, die mit ihrer Mutter Erde viel besser umgegangen sind als wir. Ein beeindruckendes Beispiel hierfür erlebte ich beim indigenen Stamm der Haida in Kanada. Wie alle indigenen Stämme Nordamerikas machten auch diese Menschen beim Zusammentreffen mit den weißen Einwanderern äußerst schmerzvolle Erfahrungen. Nur etwa zehn Prozent der ursprünglichen Population überlebten die Invasion aus dem Westen. Nach einem über hundert Jahre dauernden Rechtsstreit ist es ihnen gelungen, die Rückgabe großer Waldlandschaften vom Staat British Columbia zu erwirken.

Im Sommer 2017, einige Jahre nachdem das geglückt war, wurde ich zu den Haida eingeladen. Verantwortliche des Stammes suchten nach Möglichkeiten, den Wald so gut wie möglich zu bewirtschaften und das Holz nach dem Vorbild ihrer Vorfahren in einer Kreislaufwirtschaft nachhaltig und unbelastet zu ernten und zu nutzen. Sie erzählten uns, dass die Häuser, die ihnen angeboten wurden, belastete Müllprodukte aus der konventionellen Industrie sind und damit im Gegensatz zur eigenen Tradition stehen; ursprünglich errichteten sie als Waldbewohner funktionell gestaltete Holzhäuser. Deshalb haben sie sich auf die Suche nach Alternativen gemacht. Sie entdeckten unsere Arbeit und fragten, ob wir bereit seien, unser Holzbauwissen zu teilen. Bei einer Besprechung auf der Insel Haida Gwaii erklärten mir die Vertreter des Stammes dann, dass es für sie von enormem Interesse sei, wie ihr Wald bewirtschaftet und das Holz verarbeitet wird. Ihre Vorfahren haben in einer vollkommenen Einheit mit der Natur und den Tieren gelebt. Sie fischten, gingen auf die Jagd und errichteten ihre Bauten aus den Bäumen der umliegenden Wälder. Es gab keine Abfälle, keine Wegwerfgesellschaft im heutigen Sinn. Vielmehr wurden alle benötigten Dinge aus Holz, Leder und Stein so angefertigt, dass sie möglichst lange halten und ihren Dienst erfüllen. Am Ende des Gebrauchs diente das Material dann als Brennstoff und wurde direkt oder über die Asche wieder zu Humus, aus dem wieder alles hervorwächst, was die nächste Generation benötigt. Nur um des eigenen Profits willen die Nachkommen zu belasten, dieser Gedanke war für die Haida vollkommen abwegig. Vielmehr lebten sie nach einem beeindruckenden Grundsatz, der ihre Verantwortung gegenüber der Mutter Erde und gegenüber ihren Nachkommen regelt. Bei der Suche nach dem richtigen Weg wurde stets darauf geachtet, dass jede Entscheidung auch noch für die siebte nachfolgende Generation gut ist.

Die von westlichen Kulturen oft als »Primitivvölker« bezeichneten indigenen Stämme Nordamerikas kannten keine Trennung zwischen Mensch und Mutter Erde. Sie haben sich als Teil eines alles umfassenden göttlichen Flusses empfunden. Sie fühlten sich in der Prärie, in den Wäldern, am Fluss oder am Meer heimisch, wie in einem mütterlichen Haus, das respektvoll erhalten und gepflegt wird. Von den Ojibwa-Indianern ist Folgendes überliefert: »Eine Mutter gibt allen Kindern gleich viel. Alle haben ein Anrecht nahe bei ihrer Brust in ihrer Hütte. So freigiebig ist auch die Erde. Ihr Mantel ist weit, ihre Schüsseln sind immer voll und werden ständig gefüllt. Auf der Decke von Mutter Erde ist Platz zum Jagen, Fischen, Schlafen und Leben. Das ist das Erbe der Menschen: zu kommen, zu leben, zu gehen, zu empfangen und weiterzugeben. Kein Mensch kann seine Mutter besitzen, kein Mensch kann die Erde zum Eigentum haben.«

Was können wir daraus mitnehmen? Stellen wir uns einmal vor, wir würden den Maßstab von der siebten Generation rigoros auf unsere Wirtschaft anwenden. Stellen wir uns einmal vor, wir würden in jeder Bank, in jedem Konzern, in jeder Organisation so etwas wie einen Ältestenrat einrichten, der in einem transparenten Verfahren entscheidet, ob die geplanten Vorhaben auch nach sieben Generationen noch gut für Mensch und Umwelt sind. Erst wenn diese Frage positiv beantwortet wird, darf ein Projekt gestartet werden.

Investitionen, Maschinen, Bauten werden so errichtet und konstruiert, dass es nach sieben Generationen immer noch die beste Wahl ist. Geplanter Verschleiß, Sollbruchstellen, Wegwerfprodukte und alle ähnlichen Auswüchse unserer Konsumgesellschaft würden ihre Berechtigung verlieren. Das Müll- und Energieverschwendungsproblem wäre rasch gelöst. Eine Ausbeutung der Erde für kurzlebige Wegwerfprodukte wäre undenkbar. Endlich die gebotene Verantwortung für das eigene Handeln und für die Schöpfung übernehmen – die Folgen einer derartigen Haltung wären weitreichend, geradezu revolutionär.

»Warum lernen wir nicht von den Spielregeln des Waldes? Immerhin leben Bäume in intelligent verwobenen Sozialsystemen, die sich nach dem Grundsatz gebildet haben, das Leben zu fördern. Wen im Wald interessiert schon ein Quartalsergebnis? Hier zählt nur, was lange von Bestand und für alle gut ist.«

Auch im persönlichen Bereich. Man denke nur an unsere Ernährung, unsere Bekleidung, unsere Zeiteinteilung. Oder unser Schul- und Bildungssystem, das seine Aufgabe nur mehr darin sieht, in den Kindern alle Potenziale zu fördern, die für den Frieden, für die Menschheit, für einen gesunden Planeten wichtig sind. Es werden nun keine Konsumenten und Industriesoldaten mehr ausgebildet, sondern die positive Lebenskraft in jedem Menschen gefördert.

Gehen wir mit diesem Gedanken wieder zurück zu den Bäumen. Ich kenne keine Welt mit unkomplizierteren Entscheidungsstrukturen und mit flacheren Hierarchien. Von früher Kindheit an habe ich einen guten Teil meines Lebens in Wäldern verbracht. Aber niemals habe ich dort losgelöste Macht- und Gewaltsysteme verantwortungsloser Profiteure gefunden. Wir können suchen, so lange wir wollen, es gibt dort keine Klassentrennung zwischen mächtigen und wichtigen Teilnehmern und der unwichtigen Masse, die gelenkt und ausgebeutet wird. Der Wald ist vielmehr ein Ort der Möglichkeiten. Es ist eine Welt, die auf unendliche Potenziale in jedem Einzelnen setzt, auf Vielfalt, Kreativität und Kooperation. Jedem kleinen Bäumchen werden alle Möglichkeiten mit auf seinen Weg gegeben. Und allen wird die Chance gegeben, alles zu entfalten, was das Leben voranbringt.

Im Zusammenleben der Bäume werden Hierarchien weitgehend durch Unterstützung ersetzt. Überwachung, Bevormundung und Fremdsteuerung sind unnötig. Sie würden die bestmögliche Umsetzung aller Möglichkeiten nur behindern. Einfach ausprobieren, einfach tun, am Versuch des Lebens wachsen – wer das ermöglicht, der fördert jede Entwicklung, der stärkt das jung aufkeimende Leben.

Junge Bäume haben so viel mit kleinen Kindern gemein. Der Baum trägt in sich unendlich viele Entwicklungsmöglichkeiten. Es hängt nur davon ab, wohin der Wind den Samen trägt. Die Fähigkeiten, die am jeweiligen Ort gefragt sind, die bildet er dann aus. Er kann sie sozusagen aus den vielen Möglichkeiten in sich abrufen und dem Bedarf folgend entwickeln. Einmal kann er sich im nackten Gestein festkrallen und mit seinen Wurzeln den kargen Humus erreichen. Ein anderes Mal geht sein Wachstum tief und tiefer in schwarze fruchtbare Walderde hinein. In solch einem Boden kann er in wenigen Jahrzehnten weite Jahresringe und dicke Stämme ausbilden. Umgekehrt würde er auf karger Erde nach Jahrhunderten lediglich ein dünnes Stämmchen vorweisen, mit Ringen so fein, dass sie nur mit der Lupe gezählt werden können. Ein Stämmchen, das dann allerdings knochenhart und an diesen rauen Ort bestens angepasst ist.

Ein Kleinkind, ob schwarz, weiß, rot oder gelb, lernt mühelos jede Sprache der Welt, wenn es nur dort seine ersten Lebensjahre verbringt, wo die Sprache benötigt und gesprochen wird. Sie und ich, wir könnten heute ohne Weiteres Chinesisch, Arabisch, Russisch oder Afrikaans sprechen, wenn das Leben unsere Kindheit dorthin getragen hätte. Die Fähigkeit dazu schlummert in jedem von uns. Ein Kind, das im Wald aufwächst, lernt mühelos, in den Bäumen zu klettern, über Bachsteine zu balancieren, mit der Gefahr dort zurechtzukommen. Ein Großstadtkind würde sich in so einer Welt viel schwerer tun. Umgekehrt kommt es dafür viel besser mit dem Verkehr und den sozialen Gegebenheiten in der Stadt zurecht.

Im Kind sind alle Möglichkeiten und Fähigkeiten in unendlicher Schöpfungsqualität und Liebe angelegt. Entwickelt werden im Leben dann diejenigen, die benutzt und benötigt werden. Nach derselben Methode geht der Wald vor.

Bäume haben allerdings einen entscheidenden Vorteil. Sie durchleben keine Erwachsenenwelt, keine Schul- und Bildungswelt, in der ihnen ständig erklärt wird, wie etwas gemacht und gedacht werden muss. Unsere Bilder, unsere Erwartungen sind es, die in den Kindern so vieles blockieren und verhindern. Niemand erklärt einem Baum, dass er seine Blätter dunkelgrün färben soll, weil das besonders schick und gerade modern ist. Vielmehr kann er die Farbe optimal an Sonne und Schatten anpassen.

Bäume sind so frei in ihrer Entwicklung, wie ich es allen Kindern dieser Erde wünsche. Bäume werden vom realen Leben geformt, nicht von Wünschen, Bildern und Vorstellungen, die noch dazu laufend manipuliert werden. Ihr ganzer Körper ist ein einziger Bericht, ein Bild von den Lebensbedingungen ihres Wuchsortes. Jeder Baum ist absolut frei, alles aus sich heraus zu leben, sodass diese Anforderungen bestens erfüllt werden. Ein mir bekanntes Ehepaar hat ein Mädchen, das außergewöhnlich gut singen kann, das mit einem unglaublich schönen Stimmklang und einer enormen Stimmsicherheit beeindruckt. Allerdings ist dieses Mädchen sehr klein gewachsen. Ärzte sprechen von einer Wachstumsstörung. In der Schule wird ständig darüber gesprochen, dass sie im Sportunterricht nicht mitkommt. Gäste der Familie sagen bei jedem Besuch immer wieder aufs Neue: »Jetzt bist du wieder nicht gewachsen, seitdem ich dich das letzte Mal gesehen habe. Wenn du so weitermachst, überholt dich noch dein kleiner Bruder!« Dass sie die beste Sängerin der ganzen Schule ist, wird oft nur am Rande erwähnt.

So eine Haltung ist einfach tragisch. Wir sind nicht auf der Suche nach Potenzialen und unterstützen diese, sobald wir sie entdecken. Viel zu viele sind stattdessen auf der Suche nach vermeintlichen Mängeln, nach Abweichungen von einer sinnlosen Norm, die durch unsere Köpfe spukt.

Am Beispiel des Mädchens können wir sehen, welche Wunden, Verletzungen und Entfaltungshemmnisse unsere Gesellschaft verursacht. Anstatt das wunderbare Singtalent zu fördern, wird der Blick auf einen vermeintlichen Mangel des Kindes gelenkt. »Du genügst nicht« ist diese brutale Botschaft, die lähmt und verhindert. Zugespitzt formuliert könnte man sagen, die Talente und Fähigkeiten, die wir Erwachsene heute haben, sind der Teil unserer Möglichkeiten, die uns unser Bildungsweg nicht zerstören konnte. Wie gesagt, an der Stelle geht der Wald wesentlich klüger vor. Ihm scheint klar zu sein, dass die Talente und Potenziale aller Teilnehmer sein größter Schatz sind, den es besonders zu fördern gilt.

Es gibt dort keine schlechten Noten und kein System, das mit viel Aufwand heraussucht, was jemand nicht kann. Vielmehr wird jedem Bäumchen die Chance gegeben, all seine Potenziale zum Besten zu entwickeln. Es zählt nur, was es schafft und kann. Aus vielen Möglichkeiten, die alle gelebt werden dürfen, entsteht dann die Vielfalt. Das Einzige, was zählt, sind die vielen Fähigkeiten, die alle gemeinsam haben. Wenn alle nur die eine genormte Entwicklung nehmen, entsteht eine Monokultur.

Waldmonokulturen sind bekanntlich wesentlich anfälliger für Krankheiten und Naturgewalten wie Windwurf, Borkenkäfer, Schneebruch etc. Entstanden sind sie durch uns Menschen, die wir den theoretischen Profit vor die ökologische Gesundheit gestellt haben. Die Rechnung ist, wie wir heute in Mitteleuropa wissen, nicht aufgegangen, weil die Schäden viel höher sind als im stabilen Mischwald. Der vermeintliche Minderertrag durch wirtschaftlich weniger wertvolle Bäume im Mischwald wird vielmehr durch den Nutzen der höheren Waldgesundheit mehr als ausgeglichen.

Zur Ehrenrettung der Forstwirtschaft muss gesagt werden, dass in Mitteleuropa seit einigen Jahrzehnten keine Monokulturen mehr gepflanzt werden. Die Förster haben diesbezüglich ihre Hausaufgaben gemacht und sorgen heute für ökologisch stabile Wälder. Es werden, bis auf wenige Ausnahmen, praktisch nur noch standortangepasste Mischwälder gepflanzt. Auch dieses Umlernen der europäischen Förster in großem Stil ist ein sehr schönes Beispiel für das sinnvolle Lernen von der Natur.

Das Prinzip der Vielfalt ist der Weg mit dem geringsten Risiko. Aus dem Zulassen aller Möglichkeiten, die im Samenkorn, im jungen Bäumchen stecken, entsteht am Ende eine Lebensgemeinschaft, in der kein einziger Teilnehmer einem anderen gleicht. Es ist erwünscht, dass jeder etwas anderes besonders gut kann und zum Nutzen aller beherrscht und ausübt. In der Welt der Bäume braucht es langsam und schnell wachsende Bäume, Tief- und Flachwurzler, Früh- und Spätblüher, biegsam nachgiebige genauso wie mächtige Sturmbrecher, Sumpfbewohner und Wassersparmeister, die bis an den Wüstenrand siedeln. Diese Aufzählung könnte noch lange fortgesetzt werden, das würde jedoch den Rahmen sprengen. Klar ist ohnehin: Vielfalt wird hier als wichtige Strategie zum Wohle aller begriffen und gelebt.

Das Prinzip der Vielfalt entsteht ganz wesentlich aus der Kreativität. Vielfalt kann nur entstehen, wo starre Vorstellungen und Normen durch das begeisterte Fördern von Kreativität aufgeweicht werden. Beurteilungen durch die anderen, Benotungen, Vorurteile – all das ist im Wald unwichtig und wird dort durch persönliche Verantwortung ersetzt. Jeder kann alles versuchen – aber er trägt die Konsequenzen daraus selbst. Eigenverantwortung ist die Schwester der Vielfalt. Beide sind immer gemeinsam nötig, damit es auch fruchtbar wird.

Ein Umfeld, das uns Ruhe und Raum zur kreativen Erfüllung schenkt, ist ein Segen für unsere Kinder und die beste Zukunftsinvestition für unsere Gesellschaft. Eine vielfältige Gemeinschaft, in der laufend kreative Ideen zusammenkommen, erleben wir im Mischwald. Die Stärke, Gesundheit und Buntheit dieses Konzeptes lassen uns aber auch fantastisch erleben, wie solch ein Miteinander am besten organisiert werden kann. Besonders spannend ist die Betrachtung, welche Rolle Kooperation im Wald spielt. Kooperation ist in einem sozialen System ja sozusagen das Gegenteil von Wettkampf und Gewalt. Wer kooperiert, verwendet keine Energie für Unterdrückung.

Natürlich gibt es im Pflanzenreich wie auch bei uns Menschen beides, Kooperation und Gewalt. In einem System, das vorurteilsfrei alles ausprobieren lässt, ergibt sich das zwangsweise. Spannend ist nur die Frage: Wofür wird sie eingesetzt und was bringt Gewalt im System Wald? Führt sie dort auch zum Sieg eines gewaltorientierten Systems? Wenn ich an Macht im Wald denke, dann fallen mir gleich diese uralten Baumriesen ein, die ihre beeindruckende körperliche Größe mit einer Lebenszeit im Jahrtausend-Bereich verbinden. Aber schauen wir genauer hin, welche Rolle dort Macht und Gewalt spielen. Welche Regeln dort aufgestellt werden, damit diese nicht in die allgemeine Zerstörung münden.

Geschichten von der grausamen Natur verkaufen sich gut, weil sie unsere Aufmerksamkeit fesseln. Wer jedoch genauer hinschaut, stellt rasch fest, dass draußen im Wald und auf dem Feld ein unterstützendes Miteinander viel häufiger anzutreffen ist. Selbst dem in unseren Augen oft gnadenlosen Fressen und Gefressenwerden liegen keine willkürlichen Gewaltakte, sondern vielmehr fein austarierende Mechanismen zur Erhaltung des ökologischen Gleichgewichts zugrunde. Das Wohlergehen der Beutetiere bestimmt auch das Fortkommen ihrer Räuber. Vom Ganzen losgelöste oder gar selbstdarstellende Gewalt sucht man in der Natur vergeblich.

Wer immer sich auf die Suche nach dem großen Geheimnis des Lebens macht, wer dieser geheimnisvollen Triebkraft näher kommen will, die so wunderbare Lebenssysteme wie den Wald im ewigen Fluss und Gleichgewicht hält – er wird keine zentralen Macht- oder Schaltzentralen finden. Vielmehr enthüllt sich dem Suchenden nach und nach das geheimnisvolle Regelwerk einer großen Verbundenheit. Dabei spielen offenbar Haltungen wie gegenseitige Anteilnahme, Zusammenarbeit und Handeln im Sinne aller eine wichtige Rolle. Das können wir auch an uns selbst beobachten: Die wirklich großen Leistungen, die echten Quantensprünge im Leben haben stets mit Begeisterung und Liebe zu tun. Im Zustand der Begeisterung sind wir zu Dingen fähig, die unter Druck und Zwang niemals gelingen könnten. Das ist, nebenbei bemerkt, ja auch eines der größten Probleme unseres Schulsystems. Hätten wir dort lauter Schulklassen voller begeisterter Kinder – das Lernen würde ungleich müheloser vonstattengehen und die Ergebnisse wären weit besser. Auch die Lehrer wären sicher glücklicher und lebten gesünder. Liebe und Begeisterung entspringen stets aus dem Miteinander mit Menschen, die uns ihr Herz öffnen und die umgekehrt auch unser Herz erreichen. Es ist das Gegenteil vom Zustand, in dem einer auf den anderen Druck ausübt. Liebevolles Miteinander ist die ideale Form der Kooperation, es fördert und unterstützt das Leben am wirkungsvollsten.

Aus vielen Tierbeobachtungen weiß ich, dass Wildtiere, von der großen Hirschkuh bis hin zum kleinsten Vögelchen, in liebevoller, mütterlicher Verbundenheit zum Schutz ihrer Kinder Unglaubliches leisten, ja sogar bis zur Selbstaufgabe des eigenen

Lebens gehen können. Woher kommt diese magische Kraft? Welcher Geist ist es, der unsere Begeisterung zum Motor des Tuns werden lässt? Einen Hinweis auf die Existenz einer zentralen Kraft gibt jedenfalls die unvorstellbare Verwobenheit allen Lebens auf dieser Erde. Wer das Wirken, Gedeihen und Fortkommen in der Natur beobachtet, der findet bald eine innige Verbundenheit aller Wesen. Niemand und nichts ist dort umsonst, zufällig oder gleichgültig. Das kleinste Käferchen, all die für uns unsichtbaren Mikroorganismen, einfach jedes Leben ist mit allem anderen verwoben und lebt in mannigfaltigen Wirkungen und Wechselwirkungen.

Das Verstehen dieser allumfassenden Verbundenheit auf Erden ist für uns Menschen wichtig. Es hilft uns, unseren eigenen Platz besser einschätzen zu können. Es zeigt uns einmal mehr, dass auch wir nur ein Teilnehmer im großen Spiel sind. Unsere Lebenszeit hier wurde uns geschenkt, damit wir uns zum eigenen Wohl, aber auch zum Wohle aller entfalten. Das Erkennen unserer Verbundenheit mit allen verhilft uns zur Haltung der Dankbarkeit, die letztlich so entscheidend ist, damit wir gesund und glücklich bleiben. Wer jeden Abend dankbar auf den Tag zurückschauen kann und sich ebenso auf den nächsten freuen kann, der ist wahrlich beschützt. Damit schließt sich auch wieder der Kreis zur Liebe. Eine tief empfundene Dankbarkeit für das eigene Sein, für alles Verbundene in unserer Welt, das ist einer der sichersten Wege, um die große Kraft der Liebe für sich selbst zu erschließen und an seine Nächsten weiterzugeben.

Das objektive Beobachten und Erforschen der Verbundenheit allen Lebens hilft uns aber auch, die Bedeutung von Kooperation im Gegensatz zur Gewalt richtig einzuordnen. Aus diesem Blickwinkel wird es ganz klar: Wer in einer miteinander verwobenen Lebenswelt seine Mitspieler fördert und unterstützt, der bekommt diese Hilfe und Unterstützung zurück. Wer umgekehrt Druck ausübt, der bekommt Druck zurück. Dieses Gesetz von Druck und Gegendruck gilt im sozialen Zusammenleben wie in der Physik.

Zur Veranschaulichung, wie sehr wir mit der Natur verbunden sind, wie überraschend ähnlich unser innerer Aufbau sogar zu den Bäumen ist, soll hier noch einmal das Beispiel vom Blattgrün, dem Lebensstoff Chlorophyll, genauer betrachtet werden. Wie bereits beschrieben ist diese chemische Verbindung aus dem Zusammentreffen von einfachen, bakterienähnlichen Frühlebensformen und ersten mehrzelligen Algenformationen entstanden. Man könnte sagen, es war eine Zufallsbegegnung, bei der beide das Beste daraus gemacht haben. In jedem Fall war die Erfindung das Ergebnis einer Kooperation. Vielleicht eine der frühesten und ersten Formen von Zusammenarbeit auf der Erde. Ohne diese Kooperation hätte sich das Leben, wie wir es kennen, biologisch betrachtet nicht so entwickeln können.

Niemals wäre dieses Wunder gelungen, wenn es beim Einzelkampf geblieben wäre. Chlorophyll, der Zauberstoff, der erst die Sonnenenergie für das organische Wachsen nutzbar macht, weist uns aber auch auf eine geheimnisvolle Verbundenheit von Mensch und Baum hin. Wenn man ein Chlorophyllmolekül unter dem Elektronenmikroskop anschaut, dann erblickt man eine wunderbare Konstruktion aus Dutzenden Kohlenstoffatomen, Wasserstoffatomen, Sauerstoff und vier Stickstoffteilchen rund um den Mittelpunkt herum. Diese Bauteile sind keineswegs wahllos zusammengewürfelt, sondern kunstvoll nach einem offensichtlich genau überlegten Bauplan zusammengesetzt. Im Grunde kann man sich den geometrischen Aufbau des Chlorophyllmoleküls wie einen Schneekristall vorstellen, bei dem an allen Kreuzungspunkten der Verästelung Kohlen- oder Wasserstoffatome sitzen. In der Minderheit sind die vier Stickstoffteilchen (um den Kern herum angeordnet) sowie fünf Sauerstoffteilchen. Je nach Chlorophylltyp finden sich noch verschiedene Seitenäste innerhalb des Moleküls. In der Mitte, so klein, dass es vom Stoffanteil nicht wirklich ins Gewicht fällt, sitzt ein einzelnes Magnesiumatom (Mg).

Es gibt verschiedene Formen von Blattgrün mit entsprechenden Abwandlungen der Kohlen- und Wasserstoffstruktur. Der Magnesium-Mittelpunkt aber bleibt sozusagen als Markenzeichen immer gleich. Was erst einmal nur für Wissenschaftler interessant zu sein scheint, zeigt uns letztlich ein tiefes Geheimnis der Verbundenheit: Wenn wir nur ein winziges Teilchen in der Struktur austauschen, nämlich das Mg-Atom in der Mitte durch ein Eisenatom (Fe) ersetzen und sonst alles gleich lassen, geschieht etwas sehr Überraschendes. Aus dem grünen Blattgrün wird augenblicklich rotes Hämoglobin – der Stoff, der unsere roten Blutkörperchen bildet und den für uns lebenswichtigen Sauerstoff aufnimmt, um ihn in unserem Körper zur Verbrennung der Nährstoffe zu transportieren. Ein Austausch, der scheinbar unerheblich ist, als ob man am Tisch ein Körnchen Salz gegen ein Körnchen Zucker tauschte, macht letztlich die große Struktur sichtbar.

Ist es nicht erstaunlich, dass unser Blut dem Chlorophyll der Bäume im Bauplan der Natur so ähnlich ist? Diese Ähnlichkeit zeigt uns, wie unlösbar wir Menschen auch mit unserem körperlichen Aufbau in das große Geschehen zwischen Himmel und Erde eingewoben sind. Sie lässt uns im Gegenzug erahnen, wie sinnlos und falsch es ist, unser Leben und unser Fortkommen als einsamen, von allem losgelösten Einzelkampf zu verstehen und danach zu handeln. Auch wir Menschen können unser Verhalten langfristig nur dann überlebensfähig gestalten, wenn wir unser Tun in die Ströme und Kreisläufe der Schöpfung integrieren. Mit anderen Worten: Es ist besser, mit der Natur zu leben, anstatt sie zu korrigieren und beherrschen zu wollen.

Es ist ein oft gehörter Irrglaube, dass Bäume ihr Leben gut meistern, weil sie sich mächtig und kämpfend gegen die Naturgewalten stemmen. Verständlicherweise beeindrucken uns Menschen solche archaischen Bilder. Ja, im Vergleich zu den Baumkräften wirkt unser Körper klein und zerbrechlich. Diese Wucht ist jedoch keineswegs durch Gewalt entstanden. Bei genauem Hinschauen entpuppen sich auch die mächtigste Eiche, die kirchturmhohe Tanne, der älteste Fichtenbaum als Meister der Kooperation. Es stimmt schon, dass ihre kräftige Gestalt, ihr hartes Holz, ihre Dauerhaftigkeit und Langlebigkeit die Qualität des Starken, Gesunden und Mächtigen in sich tragen. Aber auch die größten Bäume sind auf Kooperation angewiesen. So braucht die kraftvolle Eiche Tiere, die ihren schweren Samen transportieren und so das Fortleben garantieren. Ein anderes Beispiel: Vögel nisten in den Kronen und Asthöhlen nicht nur, weil es dort sicher und geschützt ist. Sie ernähren sich am Baum und halten andere, für den Baum bedrohliche Käfer und Insekten in einem für alle erträglichen Maß. Wie weit ihr Gesang das Wohlergehen des Baumes beeinflusst, ist noch weitgehend unerforscht, darf aber auch überlegt werden. Der vielleicht größte Ort der Kooperation findet sich schließlich unter der Erde, wo Wurzeln und Milliarden von Kleinstlebewesen miteinander kommunizieren und sich gegenseitig helfen, immer mit dem Ziel vor Augen, das Leben aller in diesem Kosmos zu fördern.

Des Weiteren herrscht auch in der Beziehung der einzelnen Baumarten untereinander ein ausgewogenes System der Kooperation. Wie schon ausgeführt, »wissen« Bäume, dass jeder einzelne im Wald irgendetwas besonders gut kann. Für jeden Standort sind besondere Fähigkeiten gefragt. Bäume haben ein Spezialistentum entwickelt, bei dem jeder für die Erhaltung der Lebensgrundlage aller etwas beiträgt. Interessant ist dabei zu beobachten, dass sich Bäume, die in diesem Spiel besonders zurückhaltend agieren, besser und erfolgreicher verbreiten als besonders auffallende Kämpfer.

Nach unserer menschlichen Wettbewerbslogik müsste eigentlich *der* Baum der erfolgreichste sein, der es schafft, am meisten Lebensraum zu besiedeln (oder, um im Businesssprech zu bleiben, zu »besetzen«). Und diesen Erfolg müsste derjenige erreichen, der besonders stark und schnell ist. Überraschenderweise aber ist im Wald das Gegenteil der Fall. Die Schnellsten dort sind die Pionierbäume mit ganz leichten, weit fliegenden Samen, die neues Land nach Waldbränden, Stürmen, Rutschungen etc. sofort besiedeln können. Dazu zählen beispielsweise Birke, Erle oder Eberesche. Geht man allerdings nach dem reinen Flächenanteil, so ist bei den »Siegern« keiner dieser Pionierbäume dabei. Obwohl die Geschwindigkeit einiger weniger für das Allgemeinwohl in bestimmten Situationen wichtig ist, führt sie keinesfalls zum verdrängenden Wettbewerbsvorteil, der andere zurücklässt.

Wenn nicht die Geschwindigkeit entscheidend ist, dann könnten es vielleicht doch die Stärke und Mächtigkeit sein? Aber auch die Eichen mit ihrem harten Holz und dem Wurzelwerk, das gleichzeitig in die Tiefe und in die Breite wächst und so den größten unterirdischen Raum für sich in Anspruch nimmt, finden bei Weitem nicht die größte natürliche Verbreitung.

Der Sieger bei dieser menschlichen Betrachtungsweise ist – und das sollte uns wirklich zu denken geben – ausgerechnet ein Baum, der gar nicht auf Geschwindigkeit im Sinne »schneller als andere« setzt. Ein Baum, der weder in der Wurzel noch im Kronenraum auf Verdrängung setzt. Es ist die Fichte. Ein Flachwurzler, der alle Nährstoffe in tieferen Bodenschichten den anderen überlässt. Man könnte sagen, ein Baum, der freiwillig sein Futter teilt. Ein Baum, dessen Wachstum eher mittelschnell ist und der als Halblicht- und Halbschattenbaumart beide Welten kennt. Seine Krone ist im Vergleich zu vielen anderen schmalbrüstig.

Ja, man könnte die Fichte beinahe als nachgiebiges »Weichei« bezeichnen. Sie ist sicherlich ein angenehmer Nachbar, der seinen unmittelbaren Mitbewohnern weniger Raum als andere streitig macht. Ein Nachbar, der mangels Stärke und Gewalt noch mehr auf Kooperation setzt als die anderen. Die Fichte braucht Tiefwurzler in ihrer Nähe, die als Sturmanker das Gefüge halten. Wenn es feucht wird, benötigt sie wasserpumpende Erlen zur Trockenlegung. Zur guten Humusbildung benötigt sie die Durchmischung mit Laubbäumen. Sie ist augenscheinlich auf Nachbarn und Freunde angewiesen und lebt deshalb in gewisser Weise rücksichtsvoll.

Insgesamt legt die Fichte ein großartiges Zeugnis ab. Sie lebt uns vor, dass Rücksichtnahme, gute Nachbarschaft und Fürsorge auf lange Sicht deutlich erfolgreicher und auch kurzfristig lebensfördernder sind als jede andere Strategie. Sie lehrt uns die uralte Weisheit, dass weiches Wasser am Ende viel stärker ist als jeder harte Stein. Wie viele Konzernlenker und Firmenchefs kommen heute auf die Idee, Kooperation, Rücksichtnahme und Gemeinwohl zum obersten Unternehmensziel zu erklären? Eigentlich schade, denn sie würden damit ihr Unternehmen auf einen dauerhaften, gesunden Erfolgsweg bringen.

Trotz aller Hiobsbotschaften von Ungerechtigkeit, Krieg, Hunger und Umweltzerstörung, die täglich auf uns eintrommeln, können wir die Welt zum Guten wenden. Davor steht jedoch die Gesundung unserer Menschenseelen. Wir müssen wieder lernen, so zu leben, dass wir uns Tag für Tag selbst spüren und dankbar die Verbundenheit mit der Natur erleben können. Eine solche liebevoll gewobene Verbundenheit mit der Natur tief in sich zu spüren, das ist gleichermaßen ein zusätzliches Immunsystem gegen Krankheit wie auch eine seelische Kraftquelle. Verbundenheit in den Herzen der Menschen löst Probleme, die durch Bürokratie und Politik niemals gelöst werden können. Verbundenheit im Herzen schafft Menschen aufrecht wie Bäume und brüderlich wie der Wald. Verbundenheit ist der Boden, aus dem eine tief empfundene Dankbarkeit für alles Sein auf Erden wächst. Und das wiederum ist der sicherste Weg zur Liebe, zur göttlichen Schöpfungskraft, die uns jederzeit den nächsten großen Entwicklungsschritt schenken kann.

Papst Franziskus schreibt in seiner Umweltenzyklika *Laudato si* von der Notwendigkeit, sein inneres Haus in Ordnung zu bringen, damit wir die großen Aufgaben schaffen können. Aber auch unser äußeres Haus, unser Planet Erde, muss wieder in Ordnung gebracht werden. Das ist unsere Aufgabe und unsere Verantwortung: die Erde für die nachfolgenden Generationen zu erhalten.

Es ist Zeit für ein neues Bewusstsein. Für ein Bewusstsein, das nicht von Mangel, Unterdrückung, Macht und Gewalt bestimmt wird. Sondern von viel stärkeren Kräften, die unwiderruflich eine neue Zeit einleiten und immerzu für alle erreichbar sein werden, wenn wir uns nur darum bemühen. Und genau darum geht es. Für die siebte Generation nach uns ist es erst dann gut, wenn wir uns heute bewusst sind, dass wir uns bemühen müssen. Und wer erst einmal beginnt, in Verbundenheit zum Wohle aller zu leben, der erlebt seine persönliche Wiedergeburt. Wie lange noch können wir es uns leisten, von unseren Brüdern, den Bäumen, nicht zu lernen? Wie lange noch wollen wir darauf verzichten, die überall erkennbaren Strategien und Weisheiten der Natur endlich auch in unser Leben hereinzulassen? Diesen lebensfördernden Segen können wir tagtäglich annehmen, mit großer Wirkung in Familie und Beziehung, im Berufsalltag, in Forschung und Wissenschaft wie in der Politik und nicht zuletzt bei der Heilung unseres Körpers.

Vergiss das Beste nicht – ein Märchen von den wirklichen Kostbarkeiten

An dieser Stelle möchte ich ein Märchen erzählen. Dieses Märchen gibt es abgewandelt in verschiedenen Kulturkreisen, der Kern aber ist immer derselbe. Ich erzähle das Märchen so, wie ich es selbst erzählt bekommen habe und wie ich mir vorstelle, dass es sich zugetragen hat. Es handelt, kurz gesagt, von der Verbundenheit des Menschen mit der Natur. Aber am besten, ihr macht euch selbst ein Bild.

Es war einmal eine Zeit, in der Hirten mit ihrem Vieh noch durch die offene Landschaft zogen. Sie hüteten ihre Ziegen und Schafe, Rinder und Schweine. Sie lebten mit dem Vieh, schliefen mit ihm unter freiem Himmel oder unter notdürftigen Überdachungen. Ihr Leben war einfach. Trotzdem war es nicht eintönig. Dafür sorgten die Tiere und die abwechslungsreiche Landschaft.

Ein guter Hirte fand zur Hitzezeit den Schatten von Baumgruppen und Waldrändern. Er wusste, wo er stets genügend Wasser und saftige Weiden für seine Schützlinge zu suchen hatte. Die Hirten schärften aber auch ihre Sinne für alle Zeichen in der Natur. Wie wird das Wetter morgen, wie wird es in einer Woche sein? Wie viel Wasser führt der Fluss, wenn wir in das nächste Tal kommen? Werden alle Tiere die Überquerung schaffen? Wie lange kann die Herde im Herbst noch die Gräser im Gebirge abweiden, ohne von einem Wintereinbruch überrascht zu werden? In solchen Hochlagen könnten über Nacht starke Schneefälle und Lawinen den Rückzug unmöglich machen. Das wäre eine lebensgefährliche Falle für Mensch und Tier.

Ja, sie waren sehr aufeinander angewiesen, die Hirten und ihr Vieh. Das ganze Leben teilten sie ohne Wenn und Aber. Von der Geburt der Lämmer, Kälber und Kitze, dem Gedeihen, Wachsen und Werden bis zu den schlimmen Erlebnissen, den Angriffen der Raubtiere, den Unfällen und manchmal eben dem Ende reichte das Miteinander dieser Schicksalsgemeinschaften.

Dabei konnten kleine Missgeschicke schlimme, ja tödliche Folgen haben. So trug es sich zu, dass ein Schafhirt, nennen wir ihn Hans, seine Schafe überblickte. Sie weideten auf einer wunderschönen Blumenwiese, die nach Norden von einem aufragenden Felsen und daran angrenzend vom Wald gesäumt war. Nach Süden aber lief die Landschaft leicht abfallend in eine weite Ebene hinaus. Nur der Bach, der vom Wald gespeist wurde, schlängelte sich in die Ebene hinaus.

Diesen Platz liebte der Hirte. Er wusste, dass sich die Schafe hier besonders geborgen fühlen und neben der üppigen Weide auch das klare Wasser und den Schutz und Schatten der Bäume genießen konnten. Während die älteren Mutterschafe ruhig und genussvoll weideten, tollte eine Bande junger Lämmer übermütig am Waldrand herum. Die jungen Böcklein sprangen aus dem Stand meterhoch, verfolgten sich gegenseitig und trieben ihr ausgelassenes Spiel.

Da ertönte plötzlich ein jämmerliches Blöken. Hans wusste ganz genau die Schreie seiner Schafe zu deuten. Hunger und Durst, Aufregung, Angst, Freude – jede Äußerung hatte ihren eigenen Ton. Aber dieses Blöken, das bedeutete Schmerz und Angst. Hier kann doch kein Wolf oder Luchs sein? Er rannte los, den Stock in den Händen und den Schäferhund an seiner Seite.

Am Waldrand, hinter den ersten Bäumen, sah er die Bescherung. Ein Lamm war beim Herumtollen so unglücklich in einen mit Moos verdeckten engen Felsspalt gesprungen, dass es sich nicht mehr befreien konnte. Aber es war noch schlimmer. Beim Versuch, das Beinchen aus der Felsspalte zu befreien, sah Hans das Unglück. Der Knochen war abgebrochen. Unter dem Knie-

gelenk hielt nur mehr die Haut den unteren Teil des Beines, und der Hirte fühlte beim Herausziehen unter dem Fell die Spitzen der Bruchstelle des Röhrenknochens.

Er wusste, das war das Todesurteil für das Tier. Es konnte so der Herde nicht mehr folgen. Als er endlich den gebrochenen Fuß aus dem Spalt befreit hatte, nahm er das Lämmchen auf den Arm, das jetzt zu seiner Erleichterung aufhörte zu schreien. Zitternd schaute das wehrlose Tier in seine Augen. Dieser Blick erschütterte den Hirten durch und durch. Mein Gott, ich hab solches Mitleid mit dir. Ich kann dich doch nicht schlachten, dachte Hans. Er wusste, morgen kommen die anderen Hirten mit ihren Herden in der Nähe zusammen. Keiner würde es verstehen, so ein schwer verletztes Tier nicht sofort zu erlösen. Trotzdem fasste er sich ein Herz und dachte: Sollen sie mich auslachen. Ich will es versuchen! Als könnte es seine Gedanken lesen, schaute das Lamm mit den dunklen Augen zu ihm hinauf.

Hans trug das Lamm zu seinem Beutel zurück und suchte dort nach seinem kostbarsten Schatz. In einer Dose aus Birkenrinde trug er stets einen Vorrat an Lärchen- und Fichtenharz mit sich. Es war das Einzige, das verlässlich helfen konnte, wenn er sich ganz allein auf seinen Wegen verletzte. Aus dem geöffneten Gefäß strömte der Duft der Nadelbäume. Er atmete ein und spürte die nahe Heilung. Aber es fehlte noch etwas. Beinwell, ja Beinwell musste er finden. Das Lamm hatte er bei seinen Habseligkeiten abgelegt. Der Hund wachte daneben. Und Hans lief los. Schon seine Großeltern hatten verletzte Knochen mit Beinwell behandelt. Bereits als Kind konnte er die Wirkung des Heilkrauts beobachten. So etwas vergisst man nicht. Er suchte am Bach und fand nach kurzer Zeit die hohen Stängel mit den herabhängenden violetten Blüten und den großen, lanzenartigen Blättern. Mit dem abgebrochenen Horn, das er stets an seinem Gürtel trug, grub er nach den Wurzeln, die von einer schwarzen Haut über-

zogen waren. Er wusch eine Handvoll im klaren Wasser. Zur Probe schabte er noch an einem Stück die schwarze Haut weg und roch am darunterliegenden hellweißen Wurzelkörper. Zwei Steine aus dem Bach nahm er auch noch mit. Glückselig über seinen raschen Fund ging er zurück. Er wusste, jetzt sind die stärksten Heilmittel der Natur in seiner Hand, Baumharz und Beinwell. Am Boden kniend, neben dem kleinen Schaf und seinem Hund, mörserte er mit den beiden Steinen aus den Wurzeln einen Brei. Nun fehlten nur noch die langfaserige Weidenrinde und Stöcke zum Schienen. Mit dem Messer konnte er beides rasch herbeischaffen. Dann begann die Behandlung an dem Lamm, das erneut bei jeder Berührung des gebrochenen Beines vor Schmerz blökte. Zuerst bestrich er die Bruchstelle dick mit dem Gemisch aus Nadelbaumharz und Beinwellwurzeln. Dann versuchte er den Bruch, so gut er konnte, zusammenzufügen und bandagierte das Bein mit einer Lage Weidenrindenbast. Nun schiente er das Beinchen mit gespaltenen daumendicken Spänen und verband das Ganze erneut mit den langen elastischen Streifen der Weidenrinde.

Rundherum hatte sich derweil ein Kreis erstaunt dreinblickender Schafe gebildet. »Ja, da schaut ihr«, lachte Hans erleichtert. »So haben meine Großeltern den verletzten Bauern im Dorf behandelt. Aber an einem Schaf hat das wohl noch nie jemand versucht!«

Am nächsten Tag hatte Hans noch ein gutes Wegstück bachabwärts zurückzulegen. Dort war der Treffpunkt mit den anderen Hirten. Das Schäflein mit dem geschienten Bein konnte nicht gehen, also trug er es auf seinen Schultern über dem Nacken, ließ es an den Tränken zum Wasser und beobachtete, wie es an den Raststellen liegend wieder zu fressen begann. Das war ein gutes Zeichen. Heilung kann nur beginnen, wenn der Patient frisst und trinkt. Natürlich war Hans auf diese Weise als Letzter am Sam-

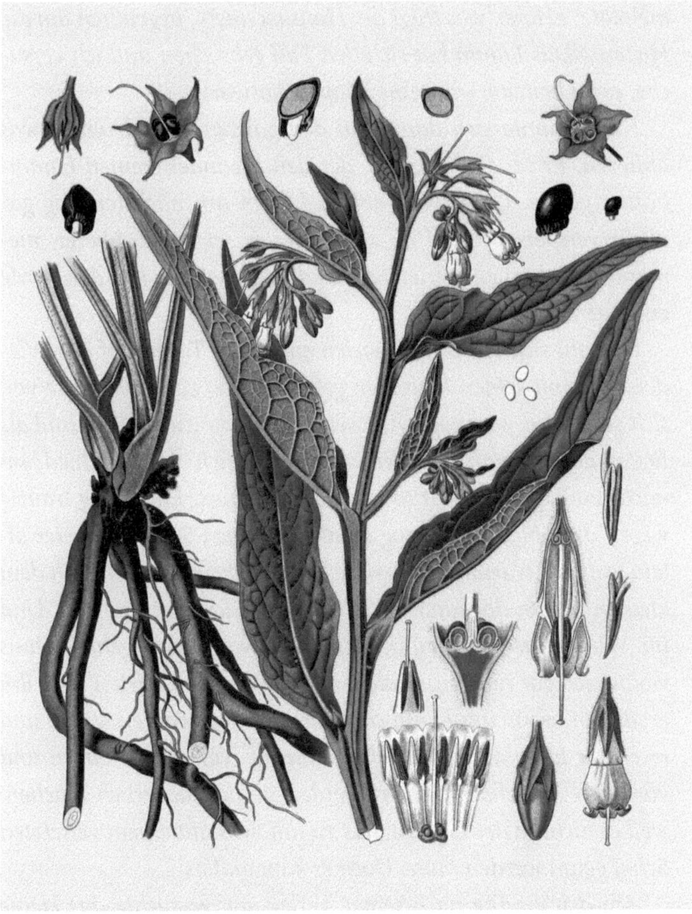

Der Name dieser Pflanze weist auf ihre Heilkraft bei Knochenbrüchen und offenen Wunden hin: der Beinwell.

melplatz. »Hoho, was trägt der Hans zu uns?«, begrüßten ihn die Hirten. »Das Lamm hat sich den Fuß gebrochen und ich versuche, es zu heilen«, war seine knappe Antwort.

Hans konnte sich daraufhin den ganzen Abend lang etwas anhören. Er sei ein Geizhals, der den Freunden keinen Lammbraten gönne. Oder wolle er das Lamm am nächsten Tag gar allein verspeisen? Und ob er meine, er sei ein Zauberer, niemand bringe so ein verletztes Schaf dazu, wieder mit der Herde zu laufen.

Obwohl sich Hans nach vielen einsamen Tagen auf das Wiedersehen mit seinen Freunden gefreut hatte, zog er es heute vor, sich so schnell wie möglich in seine Felldecke zu wickeln und als Erster abseits zum Schlafen zu legen. Auch der Abschied am nächsten Tag war nicht so herzlich wie sonst. Ein wenig traurig wegen der üblen Reden zog Hans mit seinen Schafen wieder allein weiter. »Warum nehmen sie es mir so krumm, wenn ich dem kleinen Lamm doch nur helfen möchte«, dachte er betrübt. Und im Winter im Dorf würde der Spott wohl weitergehen. Hans wollte sich gar nicht ausmalen, was die anderen Hirten über ihn erzählten, wenn das Lämmchen nicht gesund werden würde und er es am Ende allein schlachten musste. Vor seinen Eltern und vor allen Mädchen im Dorf werden sie ihn lächerlich machen, weil er nicht in der Lage ist, das zu tun, was mit einem verletzten Schaf getan werden muss. Doch es kam anders.

Am dritten Tag nach seiner Verletzung versuchte das kleine Schaf bereits den geschienten Fuß aufzusetzen. Das gelang mehr schlecht als recht, aber immerhin schienen die Schmerzen nachzulassen, denn es hinkte bereits auf den drei gesunden Füßen hinter den anderen Schafen her. Damit war Hans von der Last auf seinen Schultern befreit.

Nach zwei Wochen war es dann so weit, dass das Tier wieder alle vier Beine benutzte. Zwar immer noch humpelnd, aber auf allen vieren, wich es neuerdings nicht mehr von der Seite des Schäfers. Als wüsste es, wer sein Retter ist. Der tröstete sich ein wenig an der Zuneigung des Tieres und beobachtete, wie es nun von Tag zu Tag schneller mit ihm bergauf ging. Eines Morgens erwachte er, neben ihm streckte sich der Hund und auf der anderen Seite erhob sich das Schaf. Es schaute ihn an und vollführte erstmals wieder einen vorsichtigen Sprung mit allen vier Füßen. Da überkam ihn die Freude.

»Wir haben es geschafft«, rief er. »Du wirst wieder ganz gesund. Wie gut, dass ich mich nicht hab hinreißen lassen, dich zu schlachten!« Voll Freude nahm er das Schäflein und umarmte es.

»Ja, Hans, das war wirklich gut und mutig und großherzig von dir.« Hinter sich hörte er plötzlich eine Stimme. Erschrocken drehte er sich um und traute seinen Augen nicht. Vor ihm stand eine Fee. Die Frau war noch schöner, als er sich eine Königin vorgestellt hatte. Um sie herum strahlte eine Aura, die sich glitzernd in den Tautropfen rundherum widerspiegelte.

»Und du hast alles gegeben, was du hattest«, fuhr sie fort. »Deine kostbare Medizin hast du dem kleinen Tier geschenkt. Auf die Kräfte der Natur hast du vertraut und der Stimme deines Herzens bist du gefolgt. Deshalb, mein lieber Hans, sollst du reich belohnt werden. Siehst du hier die Schlüsselblume?«

Sie bückte sich und pflückte eine einzelne prachtvolle Schlüsselblume. »Diese Blume heißt nicht nur deshalb so, weil die Blüten einem Schlüsselbund gleich vom Stängel hängen. Uralte Legenden erzählen, dass die Schlüsselblumen auf Erden gewachsen sind, weil die Götter im Himmel einen Schlüsselbund zum Aufsperren wichtiger Welten hier herunterfallen gelassen haben. Du, Hans, wirst mit dieser Schlüsselblume auch eine andere Welt öffnen können. Was hier von Bedeutung ist, kann dort wertlos sein. Geh zum großen Felsen dort drüben und berühre ihn dreimal mit der Blume. Er wird sich öffnen. Tritt ein und nimm dir von den Schätzen, die du dort findest, so viel du tragen kannst. Es ist dein Lohn. Aber Hans«, sie blickte ihm tief in die Augen, »nimm alles, was du willst, aber vergiss das Beste nicht!«

Mit diesen Worten war sie so schnell verschwunden, wie sie gekommen war. Hans war so erschrocken und aufgeregt, dass er gerade noch ein »danke« stammeln konnte. Verwirrt schaute er auf die überaus groß blühende Schlüsselblume in seiner Hand. Die Worte der Fee klangen noch in seinem Kopf nach. Die Tiere waren unterdessen völlig unbeeindruckt. Sie grasten in aller Ruhe, und der Hund schickte sich an, seine gewohnte Runde um die Herde zu drehen.

Hans aber ging Schritt für Schritt auf die dunkle Felswand zu. Er fühlte seine Füße, seinen Körper, die Schlüsselblume in der Hand – und doch schien es ihm, als wäre er in einem Traum, als wäre seine Seele, sein Innerstes, weit weg und schaue auf seinen Körper, auf diesen Hans, der mit leicht zitternden Knien auf den Felsen zuging.

Dort angekommen, klopfte er dreimal sanft gegen den harten Stein. Und da erschrak der Hirte erst recht: Mitten durch den Granit öffnete sich knirschend ein Spalt, breit genug, um einzutreten. »Soll ich es wagen?«, dachte Hans und schaute schauernd in den finsteren Gang hinein. Da fasste er all seinen Mut und ging mit pochendem Herzen los. Hans gelangte in einen matt beleuchteten Raum. Aber welche Enttäuschung erlebte er dort! Als hätte eine Schafherde hier ein Unwetter abgewartet, lag am Boden eine Lage eingetrockneter Mist. Rundherum an den Wänden gab es steinerne Bänke. Hier lagen alte Ziegen- und Schafhörner. Weiters Baumwurzelknollen in verwachsenen Formen, wie sie Hans zuhauf in den Bachbetten finden konnte. Er wusste nicht, was er von diesem Ort und dem vorher gehörten Versprechen der Fee halten sollte. Wollte sie ihn narren? Mit diesen Ge-

danken legte er die Schlüsselblume weg und bückte sich, um eine Handvoll von dem trockenen Mist aufzuheben. Dann suchte er sich noch zwei Hörner aus. Zum Wurzelausgraben oder vielleicht zum Wasserschöpfen könnten sie ihm noch gute Dienste erweisen. »Wenn sonst schon nichts da ist, nehme ich wenigstens die mit«, murmelte er vor sich hin. Sein Blick streifte durch die sonderbare Kammer. Dann griff er noch zu einem ausgewaschenen Wurzelstück. Die Maserung erinnerte ihn an das sprudelnde Wasser an einem kleinen Wasserfall. Das wollte er bei Tageslicht genauer betrachten. Mit seiner Auswahl verließ er die Welt im Felsen. Mit einem leisen und dumpfen Geräusch schloss sich sogleich hinter ihm der Eingang. Nichts deutete darauf hin, dass hier jemals ein Mensch mitten in die geheimnisvolle Welt im Stein hineingegangen war. Verstört von all den Geschehnissen stand Hans da. Er konnte sich all das nicht erklären. Nur die mit Mist gefüllte Hosentasche, zwei Hörner und das Holzstück in seiner Hand waren das Zeugnis für das soeben Erlebte.

Das Holz in seiner Hand jedoch wurde plötzlich so schwer und verwandelte sich vor seinen Augen in ein Zepter aus purem Gold, besetzt mit Edelsteinen und Diamanten. Die beiden Hörner wurden zu prachtvollen Kelchen aus schwerem Silber, mit Perlen verziert. Und auch der Mist im Hosensack wurde schwer wie ein Brocken Stein. Als er nach ihm griff, holte er eine Handvoll Golddukaten heraus.

Die sonderbare Auswahl des Hirten hatte sich in einen Schatz verwandelt. »Was hier von Bedeutung ist, kann dort wertlos sein«, hörte er noch die Fee sagen. Jetzt erst verstand er. Hans ging zurück zur Felswand. Wo ist die Schlüsselblume? Er hatte sie in der Höhle vergessen. »Vergiss das Beste nicht«, tönte es in seinem Kopf. Wenigstens habe ich Schafmist, zwei alte Hörner und ein Holzstück mitgenommen.

Damit endet das Märchen. Ist es Zufall, dass diese sonderbare Geschichte in mehreren Kulturkreisen bekannt und weitererzählt wurde? Was wollten die Menschen mit diesem Märchen ausdrücken und weitergeben, gleich ob sie im mittelalterlichen Europa oder im alten Indien lebten?

Natürlich ist es das Bild vom Zurückstellen des eigenen Ich, dem Aufgeben vom Streben nach Ansehen und, anstelle dessen, der Hilfe für die Schwächsten und Geringsten in der Gemeinschaft. Dieses Verhalten bringt unser wahres Ich, unsere Seele sicherlich weiter als das Streben nach Ruhm, Macht und Geld.

Neben diesen Weisheiten findet sich aber noch eine Besonderheit in dem Märchen. Die Fee lässt die Belohnung nicht in Sterntalermanier einfach auf den Hirten niederprasseln. Vielmehr schickt sie ihn auf eine zunächst bedrohlich anmutende Wanderung, auf den Übergang in eine andere Welt. Wer sagt Hans denn, dass er wieder heil zu seiner Schafherde zurückkehren wird? Die Fee zeigt dem Hirten – und damit uns allen, die wir das Märchen hören und womöglich auch weitererzählen –, dass es nicht nur diese eine Welt gibt, die er kennt und in der er gerade lebt. Dass wir Menschen keineswegs isolierte Geschöpfe sind, die nur im Äußeren der Welt mehr oder weniger einsam ihr Glück finden müssen. Wir sind vielmehr eingebunden in ein großes Ganzes, das man je nach Weltanschauung Schöpfung oder anders nennen kann. Darin wandert unsere Seele, durchschreitet Räume, lernt, scheitert, reift und wächst. Das Geheimnis unseres Daseins beinhaltet genau diese Wanderung unserer Seele durch viele Geisteswelten. Und es gründet in der vollkommenen Verbundenheit mit allem, auch dem scheinbar Unbedeutendsten.

Hier auf der Erde können wir frei entscheiden, wofür wir leben wollen. Wir können unsere Verbundenheit mit dem Ganzen verdrängen und leugnen. Wir allein entscheiden, was wir mitnehmen und was wir liegen lassen. Allerdings sollten wir stets bedenken, ob das Mitgenommene im nächsten »Seelenraum« leerer, wertloser Ballast sein wird oder tatsächlich ein wertvoller Schatz. Es steht uns frei, alles Mögliche zum obersten Ziel zu erheben, ob Geld oder Macht oder Ruhm. Aber es kommt für jede und für jeden von uns der Tag, an dem wir durch die Felswand hindurch in eine andere Welt gehen müssen. Und dort herrschen ganz andere Werte. Was auf der einen Seite Mist ist, wird auf der anderen Seite Gold sein. Die Geschichte bereitet uns darauf vor, dass das Größte und Mächtigste aus unserer Welt auf der anderen Seite zu Staub werden kann und Dinge, die hier und heute wertlos erscheinen, morgen die entscheidenden Reichtümer sein können.

Heute wird uns allen die Lehre vom maximalen Profit gelehrt. Auch auf Kosten der Natur, auf Kosten von Mensch und Tier. In der anderen Welt hinter dem Felsen aber könnte der Bauer am besten dran sein, der sich nicht um Profit geschert hat und stattdessen gesunde Böden und artenreiche Wiesen hinterlassen hat. Oder der Unternehmer, der belächelt wurde, weil er sich bemühte, seine Mitarbeiter fair zu bezahlen und gute Qualität bei den Produkten durchzusetzen (anstatt kurzlebige Wegwerfprodukte in Umlauf zu bringen).

Spätestens bei der nächsten Wanderung von dieser Welt in eine andere werden die Menschen Gold und Edelsteine dafür bekommen, dass sie Entscheidungen getroffen haben für den Frieden und nicht für Gewalt, für soziale Gerechtigkeit und nicht für Ausbeutung, für eine Kreislaufwirtschaft, die unsere Mutter Erde bereichert, anstatt sie zu zerstören.

11
Im ewigen Fluss

Was die Bäume uns über das Sterben erzählen

Bäume schreiben die Märchen des Waldes. Sie zeichnen Bilder, an denen wir die Geheimnisse des Lebens ablesen können. Das haben sie mit den uralten Märchen der Menschen gemein. Selbst auf den Tod, diese unerbittliche und endgültige Bedrohung unseres irdischen Lebens, antwortet der Baum mit seinem Dasein und weist uns einen möglichen Weg aus der Verzweiflung des Sterbens.

Der Tod ist ein Geselle, von dem wir am besten gar nichts hören und sehen wollen. Unsere westlich aufgeklärte Kultur tut sich schwer damit, auf die Vergänglichkeit, auf unser sicheres Ende zu schauen. Am liebsten verdrängen wir die Tatsache, dass unsere Zeit auf Erden beschränkt ist, und gegen die sicheren Zeichen des Alterns unternehmen wir alles Mögliche. Wir wollen einfach nichts mit dem Tod zu tun haben, der uns doch so treu begleitet.

Dieses Verdrängen geht so lange gut, bis er unvermittelt in unserer Nähe oder gar bei uns selbst anklopft. Armselig ist dann, wer vollkommen unvorbereitet dasteht.

Genauso unvorbereitet hat es mich getroffen, als mein Vater gestorben ist. Ich war gerade dabei, die ersten Schritte der Pubertät zu gehen, als ich gemeinsam mit meiner Mutter an des Vaters Bett im Krankenhaus geholt wurde. Dort lag er, bei vollem Bewusstsein, mit diesem Blick, der mir so vertraut war. Unübersehbar jedoch hatte sein Körper begonnen, die Arbeit einzustellen. Das Haus, in dem die von mir geliebte Vaterseele wohnte, war vor meinen Augen im Einstürzen begriffen. Dabei hatten wir beide gerade zwei so bewegte Jahre hinter uns. Nach acht Jahren wollte ich meine Schullaufbahn beenden und den Beruf erlernen, von dem ich träumte. Aber um Förster zu werden, musste ich fünf Jahre lang eine »höhere Lehranstalt für Forstwirtschaft« besuchen. Diese Schule war weit weg, in der Nähe von Wien, der großen, mir unbekannten Hauptstadt. Dort studierte bereits mein älterer Bruder. Ein zweiter Bruder war ebenso außer Haus auf der Schule. Nun kam ich auch noch mit einem so kostspieligen Ausbildungswunsch daher. Noch dazu, wo ich in dem von mir ungeliebten Gymnasium nur äußerst schlechte Noten vorweisen konnte. Kurzum, mein Vater lehnte den von mir gehegten Wunsch ab.

Ich begann daraufhin meine erste Revolte. Ein ganzes Jahr lang ging es zwischen uns drunter und drüber. Ein Kampf, äußerlich, aber auch innerlich, im Herz, in der Seele. Dann willigte er endlich ein und fuhr mich zuerst zur Aufnahmeprüfung und dann zum Schulstart. Auf den Fahrten war er schon schwer von der Krankheit gezeichnet. Er ließ es sich aber trotzdem nicht nehmen, mich zu begleiten.

Ich konnte mein Glück kaum fassen. Der erbitterte Kampf, den wir beide führten, endete damit, dass er mir trotz meines miserablen Gymnasiumzeugnisses doch sein Vertrauen schenkte. Ich wusste, es war für die ganze Familie finanziell schwierig, mir als dritten von vier Buben auch noch eine auswärtige Ausbildung zu bezahlen. Ein halbes Jahr nach Schulbeginn, im Februar, bekamen wir unser erstes Semesterzeugnis. Meines war das beste der ganzen Schule. Am Sterbebett meines Vaters erinnerte ich mich an den Augenblick, als ich nach der langen Bahnreise noch am Bahnsteig das Zeugnis mit lauter Einsen meinem Vater überreichte. Wir lagen uns weinend in den Armen.

Was für ein Lebensglück! Nach einem Streit bis aufs Äußerste, nach meiner sturen Verweigerung aller machbaren Alternativen, die er mir anzubieten versuchte. Selbst auf seine Krankheit habe ich keine Rücksicht genommen und unbeirrt auf meinem Berufsziel beharrt. Nach alldem hat er mir sein Vertrauen gegeben und ich konnte ihn dafür belohnen. Er war vor Freude außer sich und behandelte mich wie den soeben zurückgekehrten verlorenen Sohn. Auch ich war überglücklich und genoss es in vollen Zügen, meinen Vater wieder ohne Spannung, ohne Streit zu erleben. Viel mehr noch, ich konnte in seiner Anerkennung wachsen, mich selbst neu spüren und ihm unendlich dankbar sein.

Aber es war nur eine kurze Zeit des Glücks. Nun stand ich unvermittelt an seinem Bett, gemeinsam mit meiner Mutter, sah die Ärzte um dieses letzte bisschen Lebenszeit kämpfen und die letzten Tränen über seine fahl eingefallene Haut fließen. Es war so unwirklich: das steril saubere Zimmer, der Arzt, der mir beim Weggehen am Gang erklärte, dass es keine Hoffnung mehr gebe, der absterbende vom Schmerz verzerrte Körper, in dem sich noch die Seele meines Vaters aufhielt.

Nirgendwo auf der Welt hätte ich einsamer, verlassener sein können. Wer ist das, der so eiskalt das Leben meines Vaters Stück für Stück abwürgt? Warum gerade jetzt? Fragen, die mir niemand beantworten konnte. Am Abend stieg ich in den Nachtzug nach Wien, um am nächsten Tag in die Schule gehen zu können. Auch ich selbst drohte im Schmerz zu versinken. Nichts in mir war auf die Botschaft vorbereitet, die so unweigerlich kommen sollte. Ich erinnerte mich an meine Frage: »Können Sie ihm helfen, hat er noch eine Chance?«, und an die Antwort des Arztes: »Sie haben ihn gesehen.« Nach einer mir unendlich lang scheinenden Pause, in der er mich anschaute, als wolle er selbst weinen, fuhr er fort: »Nein, wir können nichts mehr tun. Bitte bereiten Sie sich auf den Abschied vor.«

Diese Worte hallten in meinem Kopf immer wieder nach. »Nein« – was für eine unwiderrufliche Aussage, wenn es um das Überleben geht. Sie verkündete geradezu die menschliche Machtlosigkeit. Und ich war gänzlich unvorbereitet. So vieles hätte ich ihn gerne noch gefragt; er aber war plötzlich nicht mehr da. Mein Hals war verschlossen, ein Kloß schien darin festzustecken, ich weinte und betete die ganze Nacht lang, die ganze Zugfahrt hindurch. Am Vormittag, kaum im Quartier angekommen, erhielt ich ein Telegramm. Darin stand: »Papa tot. Bitte gleich heimkommen. Mama.« Das Telegramm wirkte wie der sprichwörtliche Schlag ins Genick, der mich benommen zurückließ.

Wer will den Sinn des Todes erklären? Welcher Gott lässt dieses Sterben zu? Lange fand ich keine Antworten auf diese Fragen. Ich irrte durch eine Finsternis aus Zweifel, Schmerz und Angst. Bis ich nach und nach in eine Welt eintauchte, in der das Sterben zum Leben gehörte wie das Aufblühen selbst. Eine Welt, die ganz und gar und immer wieder aufs Neue auf Humus, auf umgewandelten abgestorbenen Körpern entsteht.

Der Tod selbst, der alles Leben beendet, den ich bisher nur als kalt und gnadenlos kennengelernt habe, erscheint hier als hilfreicher Knecht des großen Lebensschöpfers. Der Wald, die Baumgemeinschaft, geht mit Vergänglichkeit ganz anders um, als wir Menschen es tun. Hier gibt es ein allgegenwärtiges Bild vom üppigen Leben, das nur deshalb gedeihen kann, weil vorher gestorben wurde.

Humus bildet die Grundlage des Lebens im Wald. Durchlüftete, wohlriechende dunkle Walderde, die nährende Muttersubstanz, die alle entscheidenden Spurenelemente zum Keimen, Blühen und Gedeihen enthält. Diese Humuserde entsteht einzig und allein aus abgestorbenen Bäumen, Laub, Nadeln und Pflanzenteilen. Milliarden emsige Bodenlebewesen zerlegen, zersetzen und bauen chemisch um. Am Ende sind alle Lebenskräfte, von den einst großen Bäumen bis zum kleinsten Mooshalm, wieder zur Erde, zum Humus zurückgekehrt. Dort bleiben sie sicher verwahrt und jederzeit bereit, wieder neue Formen anzunehmen und darin zu wachsen. Wieder und wieder wird der Stamm in Richtung Himmel, zum Licht, zur Sonne emporgebaut. Wieder und wieder wird geblüht, befruchtet, werden Samen getragen und neues Leben ausgestreut. Leben, das am Humus des eigenen Körpers gedeihen wird.

In diesem ewigen Fluss, dem unaufhörlichen Kommen, Gehen und Wiederkehren, erscheint der übermächtige Tod, der uns Menschen am Ende so machtlos werden lässt, selbst nur als Helfer. Der ewige Lebensfluss löst auf, was in unseren Köpfen fest, unverrückbar und angsterzeugend erscheint, auch unseren Begriff von Raum und von Zeit. Niemand kann sich dem entziehen. Kein Mensch, kein tausendjähriger Baum, kein Planet.

Auch der mächtige Baum ist nur ein Gast auf Erden, der kommt und wieder geht. Auch ihm steht nur eine begrenzte Zeit des irdischen Lebens zur Verfügung. Genau darüber scheinen die Bäume aber gut Bescheid zu wissen. Zumindest zeigt ihr Verhalten, ihr Lebenskonzept, dass sie ihr unaufschiebbares Ende stets vor Auge haben. Woran ist das zu erkennen?

Eine Gemeinschaft, ganz gleich, ob es sich um Bäume oder Menschen handelt, eine Gemeinschaft, die nicht verdrängt oder vergisst, dass jeder Einzelne nach Ablauf seiner mehr oder weniger kurzen Zeit unvermeidlich geholt wird, müsste eigentlich alles nur erdenklich Mögliche tun, um damit zurechtzukommen. Denn wenn man schon nichts gegen das Sterben machen kann, dann sollten sich alle gemeinsam wenigstens darum bemühen, einen Weg zu finden, der angesichts des Sterbens nicht vollends verzweifeln lässt. Was könnte uns trösten? Was könnte uns mit Zuversicht durch die verwüstende Grausamkeit des Todes begleiten?

Die meisten Menschen suchen den Weg der Ablenkung. Oberflächliche Zerstreuung soll alle Gedanken an unsere Endlichkeit zum Schweigen bringen. Das praktizierte Aussperren, das Tabuisieren, das Bestreben, ewig jung und möglichst weit weg vom Tod zu bleiben, all das hilft jedoch wenig, wenn er sich dann ankündigt. Vielmehr verhindert das beharrliche Wegschauen jede vernünftige Vorbereitung und wird dadurch bedrohlich für unsere Seele. Das Tabuisieren lässt uns Dinge tun, die unsere Vergänglichkeit erst richtig angsterzeugend werden lassen. An der Oberfläche leichter Zerstreuung bleiben, das kommt einem Wachstumsstopp unserer Seele gleich. Dabei ist es genau dieses Seelenwachstum, das uns am Ende trägt und schützt. Die weite Seele ist es, die im Abschied die Zuversicht behält.

»Der Wald ist wohl der beste Ort, um zu lernen,
wie man mit Leichtigkeit und Freude etwas loslässt,
das man allzu oft verkrampft zu halten versucht.«

Schauen wir wieder zurück zu den Strategien der Bäume im Wald, zu dem Ort, der uns schon beim Eintreten mit dem süßlich modernden Geruch von Humus und absterbenden Baumteilen umhüllt. Der Umgang des Waldes mit dem Tod ist so vielfältig wie das ganze üppige Leben dort. Die Bilder, die wir Menschen zum Thema Sterben parat haben, sind zahlreich. Trotzdem können wir die Botschaften aus dem Wald ordnen und Antworten für unsere eigenen Lebensphasen darin finden. Zunächst ist da die einfache, aber wirkungsvolle Antwort der Jugend. Junges Leben im Wald bedeutet, so üppig und so innig aus seinen eigenen Lebenskräften und Möglichkeiten zu schöpfen, wie es nur geht. Wer einen Kirschbaum im Frühjahr beim Blühen beobachtet, der versteht sofort, dass hier jeder Gedanke des Todes besiegt ist. Die Seele bleibt in solch fröhlichen Augenblicken vollkommen unbeschwert. Der Jugend mit ihren stürmisch aufsteigenden Säften fällt es besonders leicht, einfach zu sein. Einfach im Augenblick zu versinken. Wer immer es geschafft hat, zumindest wesentliche Teile seiner Jugend so zu verbringen, der kann sich glücklich schätzen. Ungehemmt im blühenden Leben zu stehen, sich der Schönheit, der Liebe hinzugeben – diese jugendliche Antwort ist so heiter und so unmittelbar wirkungsvoll, dass ihr viele Menschen entweder ein Leben lang nachtrauern oder aber in Kummer und Schwermut verfallen, wenn ihnen selbst so eine Jugend verwehrt war. Beides ist tragisch. Beide Haltungen sollten wir bewusst vermeiden. Denn sie verhindern die nötige Entwicklung zur nächsten wichtigen Antwort, die uns vor der Angst des Vergehens schützt.

Der Wald ist wohl der beste Ort, um zu lernen, wie man mit Leichtigkeit und Freude etwas loslässt, das man allzu oft verkrampft zu halten versucht. Im Wald ist eines völlig klar: Stillstand ist das Gegenteil von Leben. Stillstand ist der Tod. Es ist das Wesen aller Todesgedanken, das Leben als etwas Feststehendes zu begreifen. Ein Saftstrom, der nicht mehr fließt, ein Baum, der nicht mehr wächst, ein Ast, der nicht mehr blüht und austreibt – all das sind Bilder des sicheren Todes. Ein junges Bäumchen, das beschließen würde, seine jugendliche Form einfach zu konservieren, einzufrieren, das wäre dem raschen Tod geweiht. Unbeschwert leben dagegen, das bedeutet, immer zu fließen, sich selbst der Veränderung hinzugeben. Bäume sind Meister der Wandlung. Sie leben die Hingabe an die Zeit innig und ohne jede Frage. Diese Bereitschaft zur lebenslangen Wandlung hält sie gesund und stark. Ein Ja zur Veränderung, Freude über das Fließen des Lebens anstelle von krampfhaftem Festhalten, das ist die zweite Antwort vor allem für die Mitte des Lebens.

Durchschreite heiter alle Räume des Lebens. Freu dich an der Möglichkeit, zu reifen. Freu dich jeden Morgen vor dem Spiegel über eine neue Form. Nur so entstehen die allerschönsten aller Bäume. Und wenn neue Falten, brüchige Haare, schwere Körperteile trotzdem an deinem Selbstvertrauen nagen, dann geh in den Wald. Er ist der Ort, der uns am eindrücklichsten das fließende, verändernde Wesen allen Lebens zeigen kann. Der Baum ist der beste Begleiter, der uns hilft, die Veränderung des Alterns an unserem Körper dankbar anzunehmen.

Allen Menschen, die auch diese Übung meisterhaft schaffen, steht bald die nächste Aufgabe ins Haus. Denn auch die Antwort der Lebensmitte reicht nicht aus für die Frage nach dem Woher und Wohin, die wir uns im fortgeschrittenen Alter erneut stellen. Ganz sicher kommt für jeden Menschen der Tag, an dem es nicht mehr reicht zu sagen, ich habe diesen oder jenen Beruf, ich habe mich emporgearbeitet, ich habe so viel Erfahrung, so viel Macht, so viel Besitz und Ansehen errungen! Was hilft all das, wenn der Endgültige ins Leben tritt? Welchen Trost spenden all diese Dinge, wenn unser Körper seinen Abschied durch Krankheit oder Alter ankündigt? Was bleibt von mir, wenn es wahr ist, dass ich nur Materie bin? Wir sind ja gewohnt, uns selbst mit unserem Körper gleichzusetzen. So nach dem Motto, ich bin, was ich im Spiegel sehe und an meinem eigenen Körper fühlen kann. Aber ist das wirklich alles? Wer ist dieses Ich, das auf meine eigenen Hände, auf meine Füße schaut? Und wenn ich diesen Betrachter in mir wahrnehme, wer ist es dann, der dieses Ich betrachtet? Es gibt also in mir das Ich, das auf meinen Körper schaut, und dahinter noch jemand, der dieses Ich wahrnimmt. Lebt ganz tief in mir eine Art »ich selbst«? Lebt erst hier, ganz tief in mir, meine wahre Existenz, meine wahre Seele? Wie kommt dieses »ich selbst« in den Körper? Und wohin verlässt es ihn wieder?

Gehen wir wieder in den Wald zurück. Die Bäume werden ja wohl nicht über »ich« und »ich selbst« nachdenken. Aber genau deshalb sind wir dort mit solchen Gedanken bestens aufgehoben.

Der Wald ist ein Raum der Stille. Er ist ein Ort, an dem alle Lebewesen unbeirrt ihrer Bestimmung folgen. Wenn es uns gelingt, vor einem Baum still zu werden, dann geschieht sehr viel mit unserer Seele. Die Wurzeln fest und tief im Erdreich, die Krone hoch im Himmel, versprühen die Bäume so etwas wie einen Hauch von Schöpfungsmorgen. Ohne ein Wort zu sagen, rühren sie an tiefen Lebensgeheimnissen. Gleichzeitig zeigen sie uns Erdverbundenheit, Humusdurchwurzelung und Himmelsheimkehr.

Streng wissenschaftlich mag ein Baum das Ergebnis von Kohlenwasserstoffverbindungen mit Spurenelementen sein und sonst nichts. Eine solche Beurteilung, die den Blick des Stillstands, also das Wesen des Sterbens, in sich trägt, wird der Schöpfungsbotschaft eines Baumes nicht gerecht. Das Leben selbst ruht auf viel tieferen Geheimnissen. Und dieses Leben selbst spüren wir unvermittelt und tief in den Erfahrungsräumen der Wälder. Wer die Kathedralen der Hochwälder erlebt, der spürt, wie sein Dasein zur inneren Einheit findet. An solchen Orten ist es überflüssig, von Gott zu reden. Das würde nur falsche Vorstellungen, irreführende Bilder und Auslegungen hervorrufen. Es genügt zu sein, zu spüren. Solche Orte sind heilig im Sinne von Heil und Heilung. Diese Heilung, die Stärkung und Gesundung unserer Seele, geschieht durch die unmittelbare Begegnung mit dem Wunder der Entstehung des Lebens. Wer das Wunder der Schöpfung am Ende auch in sich selbst entdeckt und erneuert, der findet die Antwort, die wir alle suchen. Wer dieses Wunder des Lebens in sich selbst findet, der verliert jede Angst. Er schaut nicht mehr auf den Lebensfluss des Waldes oder eines Baumes. Plötzlich, ohne es zu beabsichtigen, werden wir selbst hoffnungsfroher Lebensfluss.

Es ist die Hingabe, die unser Ego unwichtig werden lässt. Liebevolle Hingabe ist eine Haltung, die fruchtbarem Waldboden gleicht. Aus ihr wächst die Kraft des Lebens. Sie bewegt sich im Augenblick, im Jetzt, und nimmt dieses Sein wahr. Dieser Zustand ist das Gegenteil von oberflächlicher Zerstreuung, die nur betäubt und unsere Lebenskräfte letztendlich lähmt. Echte lebendige Hingabe bedeutet nicht, sich selbst zu vernachlässigen oder gar sich selbst gegenüber eine destruktive Haltung einzunehmen. Vielmehr ist diese Hingabe das liebevolle Aufgehen im Augenblick. Es ist Freude an dem, was gerade geschieht, ganz gleich, ob es eine schweißtreibende Arbeit, das Warten am Krankenbett oder die Hilfe für den Nächsten ist.

Die banalsten und alltäglichen Tätigkeiten mit Hingabe auszuführen, das ist eine wunderbare Übung. Sie beruhigt nicht nur unsere rastlosen Gedanken. Hingabe führt dazu, dass wir in allem, was wir tun, auch den tiefen Sinn erspüren. Das ist bei einfachen Dingen ein schöner Lohn. Wer sich aber erst einmal angewöhnt hat, hingebungsvoll zu leben, der ist auch für schwierige Situationen bestens gerüstet. Es steht außer Frage, dass Hingabe im Fall einer Krankheit bessere Heilungschancen ermöglicht, als es zum Beispiel Angst, Panik und Entsetzen bewirken. Hingabe hat immer damit zu tun, dass wir unsere Verbundenheit mit der Mitwelt spüren und positiv aktivieren. Es ist eine dankbare Haltung der Freude, bei dem, was wir gerade tun, durch die wir ohne große Anstrengung zur größten aller Schöpfungskräfte gelangen, zur Liebe.

Die Liebe ist der einzige sichere Zufluchtsort vor einem unberechenbaren, oftmals aus dem Nichts auftauchenden Tod. Die Geborgenheit des Einzelnen wächst in dem Maße, in dem er sich für die anderen hingeben mag. Bis zu dem Höhepunkt, an dem aus ihm selbst neues Leben entsteht. Die Bäume leben uns dieses gemeinsame Bemühen, die Zeit auf Erden für alle fruchtbar werden zu lassen, vor. Hundertfach können wir im Wald vor bemoosten Astgabeln uralter Bäume stehen, aus denen bereits die jungen Sämlinge hervorragen.

Im Wald wird das Leben zum ewigen Fluss. Zu einem Kommen und Gehen und Wiederkehren. Die Zeit löst sich im Augenblick auf. Nehmen, blühen, hingeben, sich im Nächsten erneuern. Steht hinter solch einem Fluss nicht spürbar ein schöpferischer Akt, eine Liebeskraft? Wir können es nennen, wie wir wollen, auf den Namen kommt es nicht an. Es geht nur darum, es zu erkennen, es zu spüren. Tatsächlich ist es die Liebe zu unserer innigen Verbundenheit mit der Natur, mit den Menschen, mit der ganzen Schöpfung, die uns bis zum letzten Atemzug behütet, trägt und vor allem Schrecken schützt. Ein Regentropfen, der am Ende seines Weges in den großen Ozean fließt, dort aufgeht, wie könnte er sich fürchten vor der großen Geborgenheit dort? Wer sich seiner Verbundenheit gewiss sein kann, der kennt keine Angst vor der vermeintlichen Selbstaufgabe. In Wahrheit ist es ja vielmehr Übergang und Verwandlung in das Ganze als Zerstörung und Ende.

Trost vor der Vergänglichkeit spendet die warme Haut an der Wange, das im Wind wehende Haar, das herzliche Lachen, ja vielleicht auch eine Träne, die aus den Augen rollt. Sobald der Tod höchstpersönlich Haut und Haare von unserem Schädelknochen gerissen hat, ist es jedoch vorbei mit dem irdischen Trost. Und deshalb ist es gut, wenn wir ihn vor Augen haben. Wir sollten ihn als unnahbaren Begleiter verstehen, der uns hilft, zum Wesentlichen zu kommen. Er allein hat die Kraft, uns zur Besinnung zu bringen. Er zeigt uns, dass wir viel mehr sind als unser vergänglicher Körper, in dem wir wohnen. Er stutzt unser Ego, unser Festhalten an der Materie zurecht. Er ist der Herr des richtigen Maßes. Vor ihm wird klar, dass uns die Bäume mit ihren Märchen so viel zu sagen haben.

Letztlich ist es der Tod selbst, der unsere Zeit auf Erden so kostbar werden lässt. Erst sein unbeeinflussbares Begrenzen unserer Jahre, Tage und Stunden lässt unsere Wahlmöglichkeit im Leben so wertvoll werden. Wir können wählen, ob wir die Schätze der Liebe, Verbundenheit und Hingabe sammeln oder ob wir unsere Tage in die vermeintlichen Schätze der äußeren, in Geld messbaren Dinge investieren. Wie unglaublich unsinnig erscheint der Streit zwischen Menschen vor der Tatsache, dass hinter allem der sichere Tod steht und den Streitenden nur noch eine gewisse Zeit zur Verfügung steht. Vollkommen absurd wird es, wenn Menschen zur Durchsetzung ihrer Interessen, ihrer Gier, ihrer Macht andere mit dem Tod bedrohen. Wie kann sich jemand an Milliardenerträgen aus der Rüstungsindustrie erfreuen, wenn er damit das Gegenteil dessen tut, was uns unser Daseinsgeheimnis lehrt? Wie kann man den Tod bringen, anstatt das Leben liebevoll zu fördern? Vielmehr sollten wir es den Bäumen gleichtun. Spüren und leben wir endlich unsere Verbundenheit miteinander und mit der uns umgebenden Natur. Miteinander verbunden sein, das meint einander spüren, hautnah erleben. Die Bäume, die sich mit ihren Ästen sanft berühren, zeigen uns dieses Bild.

Wie wir die Krise überwinden können

Ein Epilog

Jetzt ist es schnell gegangen. In den Neunzigerjahren und auch noch zu Beginn des neuen Jahrtausends wurde noch sehr kontrovers über das Thema Erderwärmung und darüber, welchen Anteil wir Menschen daran haben, diskutiert. Es gab durchaus Stimmen, die behaupteten, dass es gar nicht wärmer werde und die Klimakatastrophe keineswegs bevorstünde. Unserem Planeten halfen derlei Auseinandersetzungen freilich wenig. Die Krankheitssymptome, die er heute zeigt, lassen sich nicht anzweifeln. Es ist schlichtweg Fakt, dass die Gletscher immer weiter zurückgehen. Dass die Insekten sterben, überhaupt dass immer mehr Pflanzen- und Tierarten die Lebensgrundlage genommen wird. Dass unsere Ozeane zugemüllt werden und das Ökosystem dadurch unrettbar beeinträchtigt wird. Dass die tropischen Regenwälder weiterhin abgeholzt werden. Dazu kommen Wetteranomalien und Wetterextreme – kurzum: Das Lebenssystem Erde leidet, das ökologische Gleichgewicht gerät immer mehr ins Wanken und die genialen Selbstregulierungsmechanismen der Natur werden durch menschliches Fehlverhalten allzu oft gestört oder ganz außer Kraft gesetzt.

Aber auch wenn unser Planet krank ist, hilft es nicht, voreilige Diagnosen zu stellen. Frei nach Albert Einstein findet man die Lösung für ein Problem selten in dem System, in dem es entstanden ist. Beschäftigen wir uns daher erst einmal grundsätzlich mit dem Thema Krankheit, bevor wir über Therapien für die Erde nachdenken.

Obwohl wir Menschen uns zeit unseres Lebens wünschen, gesund zu bleiben, und Krankheit als etwas Negatives begreifen, trägt jede Krankheit auch etwas Gutes in sich. So ist sie zunächst immer eine Botschaft, dass etwas aus dem Gleichgewicht geraten ist. Sie zeigt an, dass es Störungen gibt, die den Lebensfluss und das innere Gleichgewicht des jeweiligen Patienten durcheinanderbringen. Wenn diese gleich erkannt werden, dann kann Heilung ohne jeglichen Bedarf an weiteren Behandlungen und Medikamenten gelingen. Aus unserer Lebenserfahrung heraus wissen wir aber, dass das Auffinden der wahren Ursache oftmals schwierig, wenn nicht gar unmöglich erscheint.

Der Krebsforscher Lothar Hirneise berichtete in einem Interview von einer Studie, die sogenannte austherapierte Krebspatienten untersuchte, die trotz des »medizinischen Todesurteils« nach mehreren Jahren immer noch gut leben konnten und schließlich keine Symptome mehr zeigten. Die teilnehmenden Patienten stimmten in drei Eigenschaften überein: Erstens hatten sie einen sehr starken Lebenswillen; zweitens haben sie im Laufe ihrer Krankheit aufgehört, diese zu bekämpfen, und sie vielmehr als Chance begriffen; drittens hatten sie ihr bisheriges Leben von Grund auf geändert (Ernährung, Bewegung etc.). Wer demnach nur daran arbeitet, seinen Tumor herauszuschneiden, zu bestrahlen oder chemisch zu vergiften, weil er die Krankheit als Unglück von außen betrachtet, mit der er nichts zu tun hat, hat schlechte Heilungschancen. Wer im Gegenzug dazu bereit ist, seine bisherige Lebensweise auf den Prüfstand zu stellen, hat offenbar bessere Überlebenschancen.

Was bedeuten diese Überlegungen für den Patienten Erde? Und wie kann der offensichtlich kranke Planet wieder gesunden?

Bekommt ein Mensch Fieber, Gliederschmerzen, Kopfweh

und noch weitere Symptome, dann ist völlig klar, dass die Krankheitsanzeichen als eine zusammenhängende Krankheit begriffen und behandelt werden sollten. Kein Arzt und auch kein Patient würde sagen, wir kümmern uns jetzt einmal nur um das Fieber, alles andere kann warten. Beim offensichtlichen Stress, den unser Ökosystem Erde gerade erlebt, fällt es uns Menschen hingegen schwer, das Geschehen in seiner Ganzheit zu begreifen.

Die aktuelle CO_2-Debatte ist ein schönes Beispiel dafür. Es ist ein wichtiges Detail. Aber wenn wir nur mehr über dieses Thema reden und uns ewig darüber streiten, wie groß der vom Menschen verursachte Anteil daran ist, dann haben wir keine Möglichkeit, den wahren Kern des Problems zu sehen.

Wer die Berichterstattung der Medien in den letzten Jahren verfolgte, der bekam den Eindruck, dass, wenn wir erst einmal alle mit Elektroautos fahren und den Dieselmotor verbannt haben, das Thema Klimawandel rasch erledigt ist. Dabei liegt der Anteil der CO_2-Emission des Pkw-Verkehrs weltweit bei lediglich 1 Prozent. Wie soll das Problem gelöst werden, wenn wir nur 1 Prozent der Emissionen ersetzen? Zumal E-Autos auch einen beträchtlichen Anteil an Strom aus Kohle- und Gaskraftwerken tanken und bei ihrer Erzeugung ebenso viel CO_2 ausgestoßen wird. Auch die Frage, wie die Batterien entsorgt werden können, ist noch nicht zufriedenstellend gelöst. Ich persönlich bin keineswegs gegen E-Mobilität. Im Gegenteil, ich fahre selbst mit einem E-Fahrrad in die Arbeit. Und insbesondere innerstädtisch ist die Abgasfreiheit gewiss sinnvoll. Aber wir können uns nicht einbilden, dass wir damit das Klimaproblem lösen. E-Autos können auf dem Weg zu einer saubereren Umwelt bestenfalls ein Mosaikstein von vielen sein. Falsche Erwartungen sind letztlich aber kontraproduktiv. Sie wiegen uns in einer falschen Sicherheit und wir verlieren wertvolle Zeit, um wirklich wichtige und wirksame Dinge zu tun.

Denn: Das Verrückte bei dieser Thematik ist letztlich der Umstand, dass die derzeitigen CO_2-Emissionen vollkommen unnötig für ein gutes Leben sind. Wir nehmen diese Systemstörung ja nur deshalb in Kauf, weil wir die Energie aus Erdöl, Erdgas und Kohle haben wollen. Dabei schenkt die Sonne der Erde Energie im Überfluss, wir müssen im Grunde nur zugreifen. Die Bäume machen es uns vor. Überall, wo sie wachsen wollen, fangen ihre Blätter und Nadeln ausreichend Sonnenenergie ein. Und wenn wir die Verbrennung fossiler Energie mit der Nutzung von Sonnenenergie vergleichen, dann geht es letztlich um mehr als »nur« um die CO_2-Frage. Stichwort Umweltverschmutzung durch Tanker- und Bohrinselunfälle, Landschaftsverwüstungen durch Ölschieferabbau, Krieg um Erdöl und so weiter.

Die Krankheit des Planeten kann tatsächlich nicht auf einen einzigen Sündenbock geschoben werden. Wetterextreme, Umweltverschmutzung, aber auch gesellschaftliche Phänomene wie Migration und der immer größer werdende Unterschied zwischen Arm und Reich – all das braucht Antworten und entschlossenes Handeln. Und die einzige Heilung, die wirkt und rechtzeitig dafür sorgt, dass auch unsere Enkelkinder noch in Glück und Frieden auf Erden leben können, die muss und kann nur in uns selbst beginnen. So wichtig die wissenschaftlichen Untersuchungen zu CO_2-Emissionen, zu Energiealternativen, zu neuen Sozial- und Wirtschaftsordnungen auch sind – sie können nur dann Erfolg haben, wenn wir Menschen begreifen, dass die Erde unser zweiter Körper ist, den wir genauso lieben, pflegen und bewahren müssen wie unseren eigenen Körper. Der Bach nebenan ist ebenso wertvoll wie die Ader unter meiner Haut, in der das Blut fließt. Es ist nicht so, dass unser Körper auch eine Seele hat. Nein, unsere Seele hat einen Körper aus Fleisch und Blut und einen zweiten Körper: die Erde. Das sind die Räume, die für unser Leben zur Verfügung stehen. Wenn wir die Erde dem eigenen

Körper gleichstellen, dann machen wir den entscheidenden Schritt.

»Sobald wir die Förderung des Lebens, die Verbundenheit aller Wesen mit ihrer Mitwelt in ihrem wahren Wert begreifen, werden sich viele Dinge wieder zum Guten wandeln.«

Wer den Körper eines anderen Menschen beschädigt, der wird zu Recht bestraft. Wer heute die Erde beschädigt und verschmutzt, nur weil er viel Geld damit verdient, der wird bewundert. Wir müssen endlich mit diesem Unsinn aufhören und wieder an das Leben glauben. Wenn uns diese schlicht und einfach klingende Wandlung gelingt, dann wird die Erde rasch wieder genesen. Uns fehlen weder das Wissen noch die Konzepte und technischen Möglichkeiten zur Umkehr. Und auch wenn das Thema auf den ersten Blick so unglaublich vielschichtig erscheint, so liegt die Lösung ganz einfach in unserem Herzen. Sobald wir die Förderung des Lebens, die Verbundenheit aller Wesen mit ihrer Mitwelt in ihrem wahren Wert begreifen, werden sich viele Dinge wieder zum Guten wandeln.

Aus der Sozialforschung ist bekannt, dass Glück nur so lange mit Geld zu tun hat, solange ein Mensch damit seine Grundbedürfnisse abdeckt und sich auch die eine oder andere Freude gönnen kann. Wenn Menschen darüber hinaus immer mehr Geld verdienen, steigt das Glück erstaunlicherweise nicht mehr. Im Gegenteil, es kommen neue Sorgen, Stress und Angst hinzu. Geld macht also nur bis zu einem gewissen Punkt glücklich. Darüber hinaus bewirkt es eher das Gegenteil. Was macht uns dann wirklich glücklich?

Aus der Glücksforschung wissen wir, dass das Gefühl, im Großen und Ganzen ein sinnvolles Leben zu führen, ein ganz wesentlicher Punkt für Glück und Gesundheit eines Menschen ist. Einen Sinn in dem zu sehen, was man tut. Kurzfristige Befriedigungen hingegen machen auf Dauer unglücklich. Dem kurzen Rausch folgt eben immer die Ernüchterung und dann das zwanghafte Verlangen, den Rausch noch einmal, noch intensiver zu erleben. Wer hingegen in seinem Leben die Richtung langfristig als gut und sinnvoll erkennt, der wird viel freier und unabhängiger von kurzen, meist erkauften Vergnügen.

An dieser Stelle wird sichtbar, welche Chance in der heutigen Situation für uns Menschen liegt. Ohne die Zeichen an der Wand, die wir immer deutlicher sehen und auch spüren können, wäre die Aussicht auf ein Einlenken der Menschheit wohl weitaus geringer. In den Signalen, die uns die Natur heute gibt, liegt die Chance zur Umkehr, die Möglichkeit zur Gesundung.

Welche Maßnahmen sind es nun, die uns auf diesen Weg bringen?

Schauen wir uns zunächst die Versorgung der Menschen mit Energie, Rohstoffen und Nahrung an. Wenn wir davon ausgehen, dass die Bevölkerung wächst, dann wird auch der weltweite Energiebedarf zunehmen. Die Lösung hierfür ist denkbar einfach: Die Sonne schenkt uns wie bereits erwähnt Energie im Überfluss. Wir haben also kein Problem der Energieknappheit, sondern setzen auf die falschen, weil riskanten Quellen (Kohle, Erdöl, Gas, Atomkraft) und praktizieren eine ungerechte Verteilung. Beim Aufbau einer neuen Energieversorgung der Menschen sollten wir folgende Punkte bedenken:

- Zuvorderst geht es darum, verschwendete Energie einzusparen.
- Je dezentraler und regionaler erneuerbare Energie gewonnen wird, desto besser und unterstützungswürdiger ist es.

- Eine Strategie der vielfältigen Quellen ist sicherer, unabhängiger und friedensfördernder als Energiemonopolismus.
- Kostentransparenz muss endlich auch für die Folgekosten der Energieformen herrschen, Stichwort Atommüll und Umweltkosten.

Wer Energie einsparen will, muss zuerst untersuchen, wo am meisten verschwendet wird. Diese Position ist statistisch bekannt. Die sogenannten entwickelten Länder verbrauchen rund fünfzig Prozent ihres gesamten Energieaufwandes für das Bauen, Erhalten und Betreiben ihrer Häuser. In unseren Wäldern fällt mehr Holz an, als verarbeitet werden kann. Stürme, Dürre und damit verbundene Borkenkäfervermehrungen erzwingen in Windeseile den Umbau von Fichten- zu Laubmischwäldern. Würden wir das im Wald anfallende Holz liegen lassen, dann würde das darin gespeicherte CO_2 durch den Zersetzungsprozess in die Atmosphäre gelangen und dieser zusätzlich »einheizen«. Es ist also der größte und auch kurzfristig praktikabelste Hebel, sofort und, wo es technisch nur möglich ist, Beton, Stahl und andere Baumaterialien durch heimisches Massivholz zu ersetzen. Noch dazu sind diese Bauten im Betrieb nahezu energieautark. Wir können hier also drei Fliegen auf einen Schlag erwischen: nachwachsende Rohstoffe beim Bau, Sonnenenergie zum Heizen und Kühlen sowie Wiederverwendung statt Bausondermüll.

Natürlich gibt es noch eine ganze Reihe kleinerer Einsparpotenziale, die genauso abgearbeitet werden müssen. Im Grunde sollte es zum Volkssport werden, sinnlose Energievergeudung aufzudecken und abzustellen. Beispiele gibt es viele. Denken wir etwa an die Stand-by-Funktionen der Elektrogeräte oder an sinnlose Transporte quer über den Kontinent. Bei elektrischen Batterien erleben wir eine laufende Verbesserung von Energiedichte und Lebensdauer, hoffentlich bald auch die hundertprozentige

Wiederverwertbarkeit alter Batterien. Solange Batterien weggeworfen werden, bleibt immer noch eine große Aufgabe ungelöst.

Das zweite große Thema neben den Einsparpotenzialen ist die Umstellung auf erneuerbare Energiequellen. So wichtig und gut die Beiträge zur Energiewende auch sind – sie müssen im richtigen Maß angewendet werden. Was für eine Fehlentwicklung wäre es, wenn wir in das letzte Naturschutzgebiet und auf jeden Waldhügel ein Windrad setzten, um erst dann draufzukommen, dass wir mit dem geernteten Windstrom doch nur einen Bruchteil des Gesamtbedarfs decken können. Der Mensch hat kein Recht dazu, den letzten Auerhahn auszurotten und die Stille der Wälder zu zerstören. Windkraft braucht deshalb eine kluge und vorausblickende Raumordnung. Dann bleibt die Nutzung ein positiver Beitrag. Dasselbe gilt für Biogasanlagen, die nicht zu Boden und Arten zerstörenden Agrarwüsten führen dürfen.

Der größte und wesentliche Teil der nötigen Energiewende geht in Richtung Sonne. Sie sendet in nur eineinhalb Stunden den Jahresenergieverbrauch der gesamten Menschheit zur Erde. Neben der direkten Nutzung mit Kollektoren bietet sich noch eine zweite wichtige Möglichkeit, daraus flüssigen Treibstoff zu gewinnen. Immerhin hat die Menschheit ein weltweites riesiges Versorgungsnetz für flüssige Energieträger wie Benzin, Diesel oder Kerosin aufgebaut. Dieses Netz einfach abzubauen wäre nicht nur unwirtschaftlich. Wir würden zudem kostbare Jahre verlieren und gegen allzu mächtige Beharrungskräfte ankämpfen müssen. Klüger und praktikabler wäre es, auf flüssige, aber nachhaltige Energieträger zu setzen, die mit geringer Adaption auch in unseren heutigen Verbrennungsmotoren eingesetzt werden können. Methanol heißt der Treibstoff der Zukunft. Es benötigt zur Herstellung nur Sonnenstrom, Wasser und CO_2, ist dadurch quasi unbegrenzt verfügbar und verhält sich klimaneutral. Es verbrennt praktisch ohne Ruß, Feinstaub oder Asche. Der ideale Produktionsstandort für Methanol liegt an einem sonnenreichen Ort und an einer Küste oder einem großen Fluss mit ausreichend Wasser. In der Nähe gibt es Fabriken oder Heizwerke, aus deren Verbrennungsprozesse das CO_2 gewonnen werden kann.

Der Preis je Energieeinheit Methanol liegt realistischerweise knapp unter den derzeitigen Treibstoffpreisen. Der große logistische Vorteil solcher erneuerbaren Energieträger liegt zudem darin, dass sie ohne Bruch im Verteilersystem hochgefahren werden können. Damit wäre ein rascher Beginn machbar. Das Potenzial von Methanol ist aufgrund der beschriebenen Vorteile riesig, der technische Prozess ist leicht umsetzbar.

Trotzdem sollten wir darauf achten, auch hier keinen neuen Monopolismus entstehen zu lassen. Es besteht die Chance auf einen vielfältigen Mix an neuen Energiequellen von der Sonnentankstelle in der Garage bis zum Windrad, vom altbewährten Kachelofen bis zu modernen Holzverbrennungsanlagen und neuen Sonnenenergieträgern wie Methanol. (Diese Aufzählung ist nur beispielhaft und erhebt keinen Anspruch auf Vollständigkeit. Sicher wird es in naher Zukunft noch weitere Innovationen zu diesem Thema geben.)

Bei der Rohstoffversorgung geht es darum, unser Nutzungskonzept umzustellen. Wir müssen dafür sorgen, dass technische Produkte zu hundert Prozent wiederverwendet werden. Aus den Rohstoffen eines alten Autos muss wieder ein neues gebaut werden, aus denen alter Elektrogeräte müssen wieder neue Geräte entstehen. Das ist technisch machbar. Wir müssen es nur einfordern und von der Politik das gesellschaftliche Regelwerk verlangen. Auch beim Holz müssen wir eine möglichst lange Nutzungsdauer gewährleisten. Ein Holzhaus muss so konstruiert sein, dass aus den verbauten Teilen selbst nach Jahrhunderten wieder ein Haus gebaut werden kann. So wird die Stadt von der heutigen Bausondermülldeponie zum Rohstofflager für die nächste Generation.

Auch bei unserer Ernährung gibt es viel zu tun. Stichwort Tierhaltung: Es ist absurd, wenn sich Menschen das Recht anmaßen, Tiere zu quälen, nicht artgerecht zu halten, und im Umgang mit ihnen einzig finanziellen Profit verfolgen. Zahlenmäßig übergroße Konzentrationen von gehaltenen Tieren an einem Ort sind abzulehnen. Richtlinie sollte sein, dass an einem Ort nicht mehr Tiere gehalten werden, als mit dem dort erzeugten Futter gesund ernährt werden können. Des Weiteren sind der vorbeugende Antibiotikaeinsatz im großen Stil und die Tiertransporte als Negativerscheinungen einzustellen.

Stichwort Bodensterben: Wir müssen Rahmenbedingungen für die Bauern schaffen, die es ermöglichen, Humus aufzubauen und die Bodenverhältnisse wieder in das richtige Maß zu bringen. Wir müssen die Böden wieder als CO_2-Speicher nutzen und gleichzeitig wieder die Fruchtbarkeit erhöhen. Regionale Düngerkreisläufe anstelle von Chemiedünger sind der Schlüssel dazu (ein spannender Ansatz hierfür ist die sogenannte Terra-Preta-Methode). Die Umstellung der Förderung von Flächen- und Mengenprämien auf Humus- und Bioprämien sind Lenkmechanismen, die eine rasche Veränderung möglich machen. Gesunde Böden sind die Grundlage für gesunde Pflanzen, die wiederum keine Giftexzesse und kein Bienensterben auslösen. Eine Landwirtschaft, die wieder ganzheitlich und in biologischen Kreisläufen denkt, ist für eine gute Zukunft unverzichtbar. Lebensmittel werden so wieder zu Heilmitteln.

Auch müssen wir verloren gegangene Wälder wieder aufforsten, also den Waldverlust in den Tropen stoppen und Aufforstungsprojekte vorantreiben (in Europa, Nordamerika und China nimmt der Wald bereits zu). Mit Holz bauen anstelle von Beton. Mit neu entwickelten Massivholzdecken ist es möglich, die ganze Bausubstanz von Häusern, Dörfern und Städten als Energiespeicher zu nutzen, der tage-, ja wochenlang im Winter Wärme und im Sommer Kühlenergie speichern kann. Allein mit diesen Maßnahmen ist es möglich, weltweit rund ein Viertel bis ein Drittel der menschlichen CO_2-Emissionen laufend aus der Atmosphäre zurückzuholen. Und sparte man die Rüstungsausgaben der Top 10 (USA, China, Saudi-Arabien, Indien, Frankreich, Russland, Großbritannien, Deutschland, Japan und Südkorea) ein, 2018 immerhin 1349 Milliarden US-Dollar – allein die USA mit 649, China mit 250 und Saudi-Arabien mit 68 kommen auf 967 Milliarden US-Dollar –, ließen sich diese leicht finanzieren. Zumal es noch weitere Positionen gibt, die enorme Summen verschlingen und vermieden werden können: Atommülllagerung, Gesundheitskosten wegen krank machender Gebäude und gesundheitsschädlicher Nahrung oder die Milliarden, die für die Bankenrettung aufgebracht werden – too big to fail kann nur für die Natur gelten. Am Ende liegt es ohnehin nicht am Geld und nicht an der Technik, sondern einzig und allein an unserem Herzen.

Werfen wir zuletzt einen Blick auf das Bevölkerungswachstum. Gegenwärtig leben acht Milliarden Menschen auf der Erde. Und die Kurve weist steil nach oben, wobei das Bevölkerungswachstum hauptsächlich in Afrika stattfindet. Das Bevölkerungswachstum an sich wäre für die Erde kein Problem, wenn wir Menschen uns so verhalten würden wie die Bäume oder die Tiere im Wald. Sie versorgen sich regional und betreiben eine ökologische, nachhaltige Kreislaufwirtschaft. Das Bevölkerungswachstum ist demnach nur der vordergründige Teil des Problems. Der Kern dahinter ist unser falsches Lebens- und Wirtschaftskonzept. Würden wir Menschen ab sofort nur mehr mit erneuerbarer Energie auskommen und alle Gegenstände, die wir erzeugen und benutzen, zu hundert Prozent wiederverwerten, dann böte die Erde Platz für noch viel mehr Menschen.

Denn die Natur zeigt uns in ihrem Wachsen, Blühen, Gedeihen

und Erneuern jeden Tag, wie sehr die Erde ein Ort der Fülle und nicht ein Ort des Mangels ist. Und ein Leben, das von erneuerbaren Energien gespeist wird, von einer möglichst regionalen Kreislaufwirtschaft sowie einem empathischen Wirken des Einzelnen für seine Mitwelt, ist der Schlüssel zu diesem Paradies. Mag es auch utopisch klingen – es ist möglich, dass wir Menschen uns auf den Weg machen. Es ist unsere große Chance.

In einer Zeit, in der aber die neuen Medien die Sehnsuchtsbilder einer überbordenden, von Überfluss gesättigten Warenwirtschaftswelt bis in den letzten Erdenwinkel tragen, wächst das Bedürfnis nach Konsumartikel gerade dort am stärksten, wo auch die Bevölkerung am stärksten wächst. Es wäre also wohl naiv, sich nur darauf zu verlassen, dass die Menschheit rechtzeitig und freiwillig zur Kreislaufwirtschaft fände. Die nötige Doppelstrategie kann nur bedeuten, die Bevölkerungszunahme in Richtung Reproduktionsrate zu drehen und die Weichen weltweit auf Kreislaufwirtschaft zu stellen. Wie man die Bevölkerungszahlen senkt, ist kein Geheimnis. Der Schlüssel dazu liegt in der Bildung und in der Teilhabe aller Menschen an der Gesellschaft. Bildungs- und Entwicklungsprogramme für die betroffenen Länder, die nicht wie bisher so oft als mit dem Etikett Entwicklungshilfe getarnte Rohstoffausbeutungsprogramme daherkommen, sondern den Aufbau von regionalen Versorgungs- und Produktionsweisen vorantreiben, sind demnach unverzichtbar für die Zukunft.

Die Mikrokredite für Frauen sind ein bekanntes Beispiel dafür, wie konkret und rasch eine solche Maßnahme zu wirtschaftlichem Fortschritt, oder besser: Erblühen führen kann.

Die Wurzeln der sogenannten Klimakrise zeigen uns am Ende auch den Lösungsweg. Es fehlt nicht an Wissen, Technik oder Geld. Der Schlüssel liegt in jedem von uns. Wir müssen ihn jetzt benutzen.

Newton und Descartes haben der Menschheit den Weg zu neuem naturwissenschaftlichem Verständnis bereitet. Heute jedoch erkennen wir, dass die Welt viel mehr ist als eine riesige Maschine, die sich durch Zerlegung in ihre Einzelteile erklären und auf diese Weise auch reparieren lässt. Spätestens Einstein, Planck und Heisenberg zeigten uns die Unvollständigkeit und Unzulänglichkeit einer rein mechanistischen und letztlich seelenlosen Wissenschaft.

Die Neuentdeckung einer ganzheitlichen Sichtweise, die in der Natur, in unserer Erde und im Klimasystem neben den materiellen Strukturen auch eine sinnhafte, lebensfördernde Qualität erkennt, ist der Lösungsweg nicht nur für die Klimafrage. Oder anders gesagt: Wenn uns der Klimawandel dazu zwingt, zu den Halbwahrheiten des unvollständigen mechanischen Weltbildes die fehlende Komponente, nämlich die Lebensgeheimnisse hinter der Materie, hinzuzufügen, dann wird das Problem zur großen Chance.

Weder rückwärtsgewandte, irreale Naturromantik noch der Glaube an rein technische, vom Ganzen abgetrennte Lösungen, noch die Idee vom männlichen Gott als Strippenzieher hinter der Natur ist es, die unser Handeln wieder freudvoll ins Leben führt. Die Einsicht von unserer innigen Verbundenheit mit einer ganzheitlich sich selbst organisierenden, ewig das Leben fördernden Mitwelt – sie bedeutet Zuversicht, Lösung und Lebensfreude. Es liegt an uns, aus dieser Quelle zu schöpfen und zu neuem liebevollem Handeln aufzubrechen.

»Habe Ehrfurcht vor dem Baum,
er ist ein einziges großes Wunder,
und euren Vorfahren war er heilig.«

Alexander von Humboldt

Zum Autor

Erwin Thoma, 1962 geboren, wurde aus Liebe zur Natur zunächst Bergführer, dann Revierförster. Heute hat er sich mit seiner Firma auf Häuser spezialisiert, die energieautark sind und ganz ohne Technik und Dämmstoffe auskommen. In seinen Büchern, unter anderem *Die geheime Sprache der Bäume* (2012), nimmt er den Leser mit in eine Welt, die vielen fremd geworden ist. Erwin Thoma lebt mit seiner Familie in Goldegg, Österreich.

»Anpackender Bauherr,
erdiger Naturtyp, erfahrener Praktiker.«
DIE ZEIT über Erwin Thoma

Maren Schneider

Reconnect. Wie wir uns wieder mit der Natur verbinden

Ein Jahresbegleiter mit magischen Ritualen
und Achtsamkeitsübungen

Mit »Reconnect« begibst du dich auf eine spannende Reise zu deiner weiblichen Kraft. Im Rhythmus der Jahreszeiten lernst du, deine Energie mit den Zyklen der Natur zu synchronisieren und bewusst für dich und deine Vorhaben zu nutzen. Achtsamkeit, jahreszeitliche Rituale, die Inspiration durch die weiblichen Archetypen und ausgewählte Meditationen unterstützen dich auf deinem Weg.

KNAUR
BALANCE

Wolf-Dieter Storl

Erkenne dich selbst in der Natur

Gespräche über ein Leben im Einklang, aufgezeichnet von Rébecca Kunz

Der Mensch ist Teil der Natur und grundsätzlich nicht von ihr getrennt. Der bekannte Kulturanthropologe und Ethnobotaniker Dr. Wolf-Dieter Storl erzählt in diesem Buch, wie wir den heute teilweise verloren gegangenen Zugang zu den Pflanzen und Tieren – sowie natürlich zu uns selbst – wiedergewinnen können.

Im Gespräch mit der Biologin und Bewusstseinsforscherin Rébecca Kunz zeigt uns Storl anhand von Mythologie, altem Brauchtum und vielen persönlichen Erlebnissen, worin die heilende Naturverbundenheit besteht.

Seine spannenden, inspirierenden Schilderungen öffnen unseren Blick für das Mysterium des Lebens.

KNAUR.LEBEN